브라이스 인형옷 만들기

BLYTHE OUTFIT BOOK (NV80367)
Copyright © 2013 Cross World Connections Co., Ltd.
All rights reserved.
First printed in Japan in 2013 by Nihon Vogue Co., Ltd.

Produced by Junko Wong - Cross World Connections Co., Ltd.
Published by CWC BOOKS
Cross World Connections Co., Ltd.
3-10-6-301, Ebisu Minami, Shibuya-ku, Tokyo 150-0022 Japan
TEL 81-3-6452-4778   FAX: 81-3-6452-4780
http://www.cwctokyo.com

Photographer: Yukari Shirai, Noriaki Moriya, Yuki Morimura, Kana Watanabe

Blythe is a trademark of Hasbro. ©2017 Hasbro. All Rights Reserved.
Blythe character rights are licensed in Asia to Cross World Connections Co., Ltd.
http://www.blythedoll.com

Blythe™

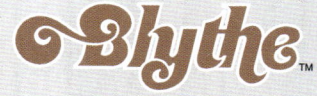

Licensed by Hasbro

브라이스 인형옷 만들기

인기 패션 인형 'Blythe(브라이스)'를 더욱 예쁘게,
사랑스럽게 만들어 주는 옷 만들기에 도전해 보세요!
네오 브라이스, 미디 브라이스, 푸치 브라이스에 어울리는
15가지의 스타일링을 소개합니다. 옷이 작기 때문에
한 과정씩 꼼꼼하게 바느질하다 보면 어느새 한 벌이 완성된답니다.

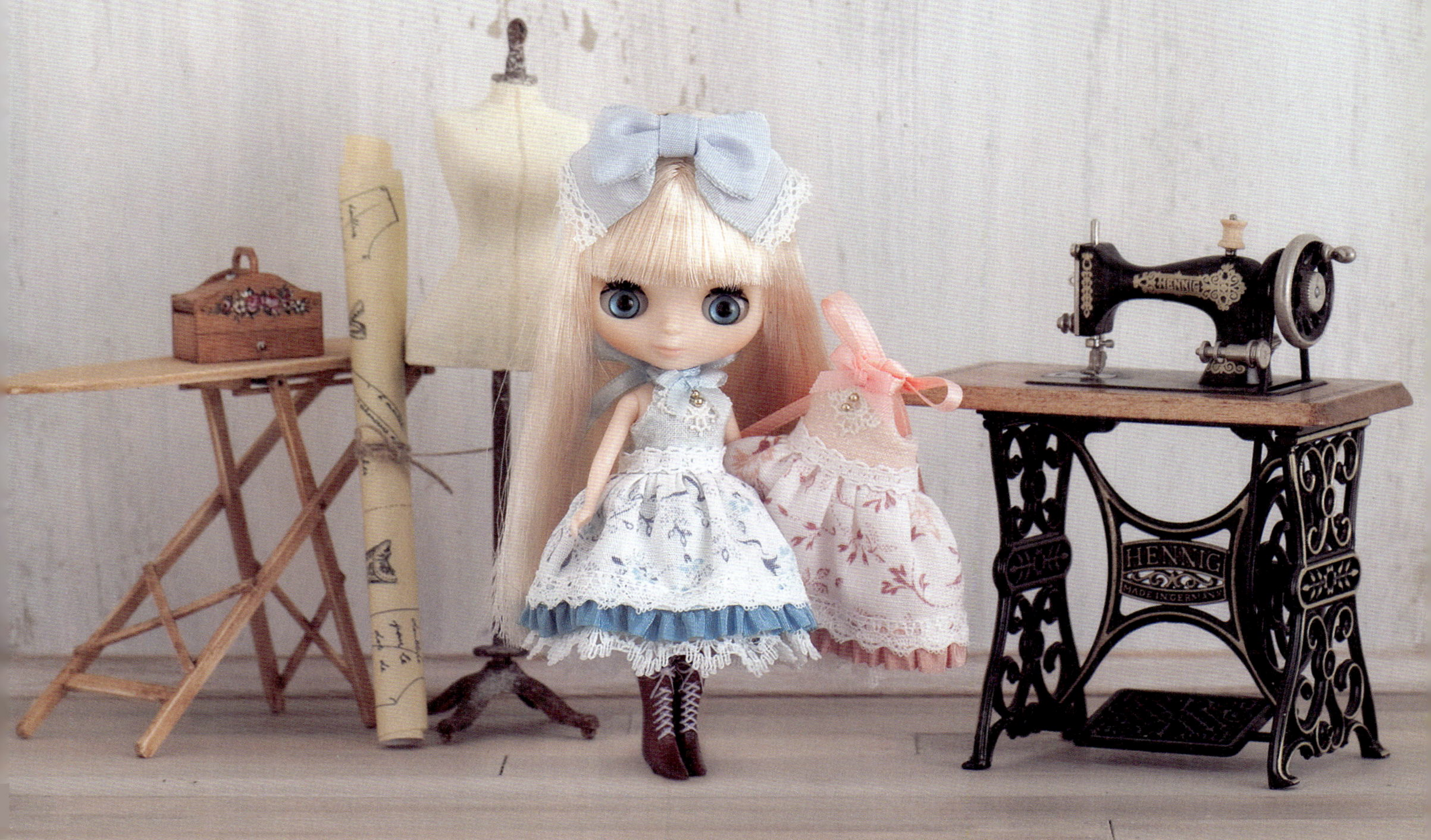

제우미디어

Contents

P.8

네오 브라이스

컬러풀 마법 소녀

LESSON 1

P.10

네오 브라이스

러블리 파티

P.12

네오 브라이스

이상한 나라의 토끼

P.14

푸치 브라이스

매니시 룩

푸치 브라이스

바다유리

네오 브라이스

어느 가을날

미디 브라이스

포근한 겨울나기

푸치 브라이스

블로섬 코트

P.24

푸치 브라이스

스쿨 걸

P.26

푸치 브라이스

레드 클래시컬

P.28

미디 브라이스

캣×캣

P.3o

미디 브라이스

할로윈 룩

LESSON 3

P.32

미디 브라이스

곰돌이 멜빵바지

P.34

미디 브라이스

고양이 동물옷

P.36

네오 브라이스

고양이 동물옷

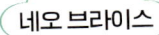

네오 브라이스

컬러풀 마법 소녀

폭신폭신한 토끼 귀 머리띠는 머리카락에 자국이 남지 않도록 특별히 소재를 신경 써서 골랐어요.
캐미솔 원피스의 치마는 잔주름을 잡아 봉긋하게 마무리하여
꿈결 같은 분위기를 살렸습니다.

Design & Make ❈ Decoration Box
모델 인형 웬디 위켄더
모델 커스텀 Decoration Box

1

토끼 귀
머리띠

2

캐미솔
원피스

3

타이즈

How to make P.62~63
실물 크기 옷본 P.64

러블리 파티

블라우스는 체크무늬 원단을 바이어스 방향으로 재단하고
레이스와 리본을 달아 주었어요.
치마는 종 모양 실루엣에 방울과 프릴 리본을 장식하여
경쾌한 디자인으로 완성했어요.

Design & Make ✳ Decoration Box
모델 인형 페니 프레셔스

5
파티
블라우스

4
고깔모자

6
방울 잔주름
치마

7
양말

Lesson 1   P.48~53
실물 크기 옷본   P.65

네오 브라이스

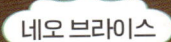

이상한 나라의 토끼

블루머 원피스는 앞 몸판의 레이스에 리본을 끼워 조금은 화려하게 표현했고,
뒤 몸판에는 레이스에 단추를 끼워 아기자기하게 표현했어요.
토끼 귀 볼레로는 자그마한 엄지손가락이 있는 벙어리 장갑으로 귀여움을 더했답니다.

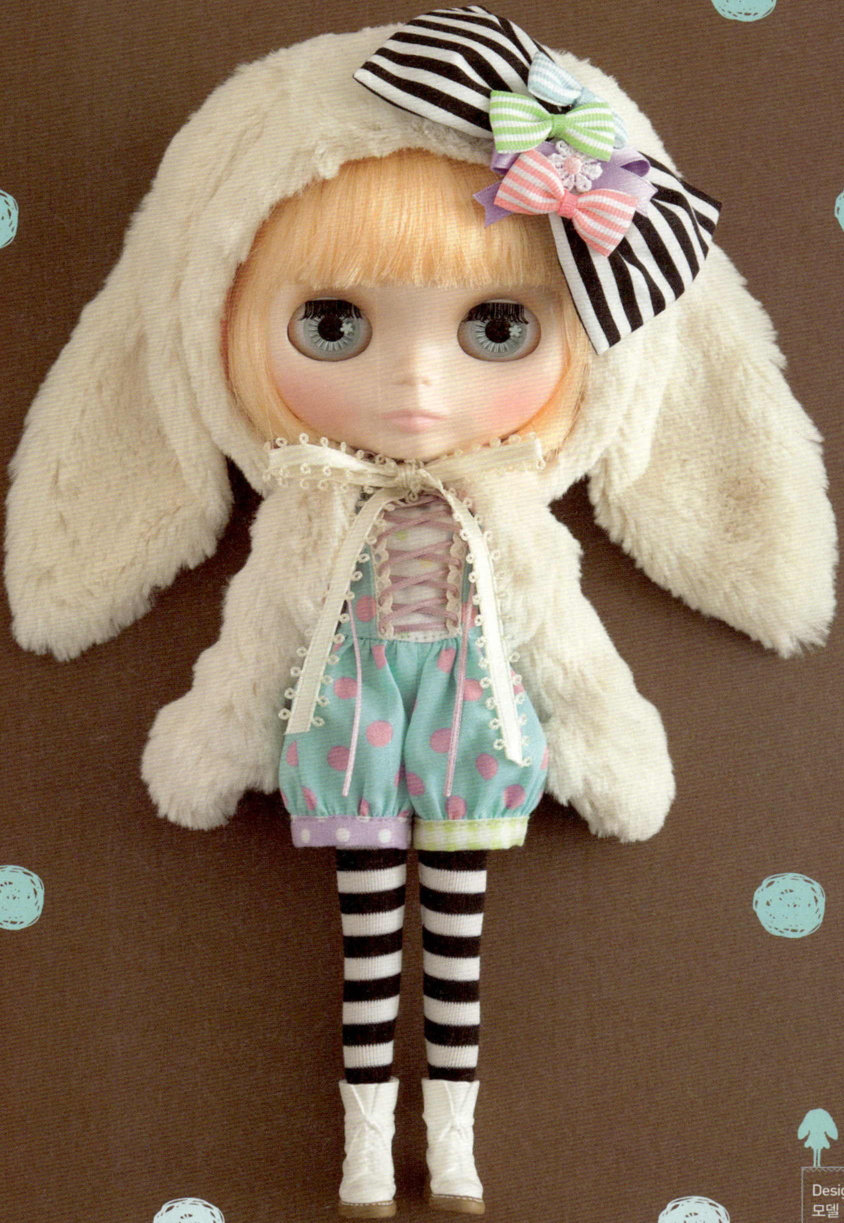

Design & Make ❋ IVORY 노세에미코
모델 인형 아이스 르네
모델 커스텀 IVORY 노세에미코

▽
8
△
토끼 귀
볼레로

△
10
▽
타이츠

▽
9
△
블루머
원피스

How to make   P.66~67
실물 크기 옷본   P.68~70

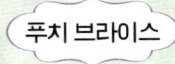

매니시 룩

셔츠블라우스 밑단은 둥글게 하고, 흰색 리본으로 커프스를 만들었어요.
호박 바지 옆쪽에는 주머니에 플랩도 달았고요.
모자는 펠트를 바탕으로 이용해서 간단히 만들 수 있답니다!

Design & Make ※ pinupinu 마치쿠마
모델 인형 매지컬 완드
모델 커스텀 Rico* (vanilatte)

11
셔츠
블라우스

12
호박 바지

13
크로스백

14
모자

15
양말

How to make   P.71~73
실물 크기 옷본   P.73~74

바다유리

해변에서 반짝반짝 빛나는 푸른 바다유리에서 모티브를 얻었어요.
사이즈가 작으므로 간단히 바느질해서 예쁘게 완성할 수 있도록
몸판 이외에는 모든 부분이 사각형으로만 되어 있습니다.
레이스는 얇은 것을 사용하면 부드러운 느낌으로 표현할 수 있어요.

Design & Make ❋ Rico* (vanilatte)
모델 인형 네로민
모델 커스텀 Rico* (vanilatte)

16
홀터넥
원피스

17
페티코트

Lesson 2 P.54~56
실물 크기 옷본 P.74

어느 가을날

블라우스 앞판에는 줄무늬가 보이는 직조무늬 원단을 겹쳐서
가을의 분위기를 살리고 단추 두 줄을 나란히 달았어요.
후드 망토 안감과 통바지에 같은 원단을 사용하여
전체 톤을 차분하게 맞췄답니다.

Design & Make ※ nostalgia
모델 인형 베리 비키

18 후드 망토

※ 후드는 씌울 수 없습니다.

19 블라우스

20 통바지

21 양말

How to make P.75~77
실물 크기 옷본 P.77~79

포근한 겨울나기

치마의 직조무늬 원단사이로 물방울무늬 원단이 보이는 것이 포인트예요.
재킷의 레이스는 접착제로 임시 고정하면 바느질하기 쉽답니다.
머플러는 네오 브라이스에게도 입힐 수 있어요!

Design & Make ✿ nostalgia
모델 인형 밀크 앤 허니

22
머플러

23
재킷

24
두 겹
치마

25
양말

How to make P.80~81
실물 크기 옷본 P.82

블로섬 코트

허리에 절개선을 넣은 코트는 밑단이 활짝 퍼지도록 다섯 군데에 다트를 넣었어요.
코트를 입히기 편하도록 원피스는 민소매로 만들었고요.
코트와 같은 원단으로 헤드드레스도 만들어 사랑스러움을 더했어요!

Design & Make ❀ * pinupinu 마치쿠마
모델 인형 레드 애플
모델 커스텀 Rico* (vanilatte)

26
헤드
드레스

27
코트

28
원피스

How to make P.83~84
실물 크기 옷본 P.85

스쿨 걸

블라우스는 옷깃과 소맷부리에 스티치를 넣어서 악센트를 주었어요.
주름치마는 원형 옷본을 사용해서 치맛단이 예쁘게 퍼진답니다.
베레모는 기성 제품과 똑같이 그로그랭 리본을 안쪽에 사용했어요.

Design & Make ❤ Atelier Angelica
모델 인형 무차차 즈킨
모델 커스텀 Rico* (vanilatte)

29
베레모

30
블라우스

31
뷔스티에
주름치마

How to make　P.86~88
실쿨 크기 옷본　P.88

레드 클래시컬

얇은 진홍빛 론 원단을 사용하고, 잔주름을 가득 잡은 프릴과
커다란 리본을 달아 고전적이고 호화로운 디자인으로 마무리했어요.
프릴 가장자리는 올풀림 방지액으로 처리합니다.

Design & Make ✳ Atelier Angelica
모델 인형 레드 애플
모델 커스텀 Rico* (vanilatte)

32
클래시컬
프릴 드레스

How to make P.89~90
실물 크기 옷본 P.91

캣×캣

티셔츠는 앞 몸판에 고양이 얼굴을 프린트하고
뒤 몸판에는 표범 무늬를 프린트해서 서로 다른 분위기를 내 봤어요.
청바지는 무릎에 절개선을 넣고 스티치를 살린 고양이 귀를 끼워서 박아 주었어요.

Design & Make ⊛ MOMOLITA 고모리 모모코
모델 인형 수지 히스테릭
모델 커스텀 kobana sweet graphic

33
고양이
티셔츠

34
고양이
청바지

How to make   P.92~93
실물 크기 옷본   P.94

할로윈 룩

사랑스러움 가득한 할로윈 룩이에요.
깃 달린 점퍼에는 리본을 자유롭게 장식하고, 등에는 새 그림 프린트를 붙였어요.
오리지널 프린트 원피스는 가슴에 다트를 넣어서 라인을 깔끔하게 살렸습니다.

Design & Make ✳ MOMOLITA 고모리 모모코
모델 인형 리틀 릴리 브라운
모델 커스텀 haco

35
점퍼

36
민소매
원피스

37
양말

How to make P.95~97
실물 크기 옷본 P.98

31

곰돌이 멜빵바지

앞쪽에는 곰의 얼굴과 발톱 달린 발을,
뒤쪽에는 알록달록한 귀와 스티치로 표현한 입을 넣어
앞뒤 서로 다른 느낌을 주는 귀여운 곰돌이 멜빵바지예요.
지퍼 달기는 실제로 해 보면 의외로 간단하답니다.

Design & Make ❋ MOMOLITA 고모리 모모코
모델 인형 리틀 릴리 브라운
모델 커스텀 kobana sweet graphic

39
양말

38
곰돌이
멜빵바지

Lesson 3 P.57~59
실물 크기 옷본 P.99

고양이 동물옷

몸통과 탈이 분리되어 있는 동물옷이에요. 뒤에 있는 지퍼를 여닫아서 입고 벗습니다.
혀가 살짝 보이는 것이 포인트지요.
바느질할 부분이 많지만 순서를 확인하며 차근차근 진행하면 어느새 완성!

Design & Make ≈ MOMOLITA 고모리 모모코
모델 인형 넬리 니블스
모델 커스텀 kobana sweet graphic

40
고양이
탈

41
고양이
몸통

42
튈 스커트

How to make   P.100~102
실물 크기 옷본   P.103~104

네오 브라이스

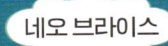

고양이 동물옷

미디 브라이스 사이즈와 한 쌍인 고양이 동물옷이에요.
손과 발 끝에는 반짝이는 스와로브스키 발톱을 달아 주었어요.
꼬리에는 철사가 들어 있어서 마음에 드는 모양으로 고정할 수 있답니다

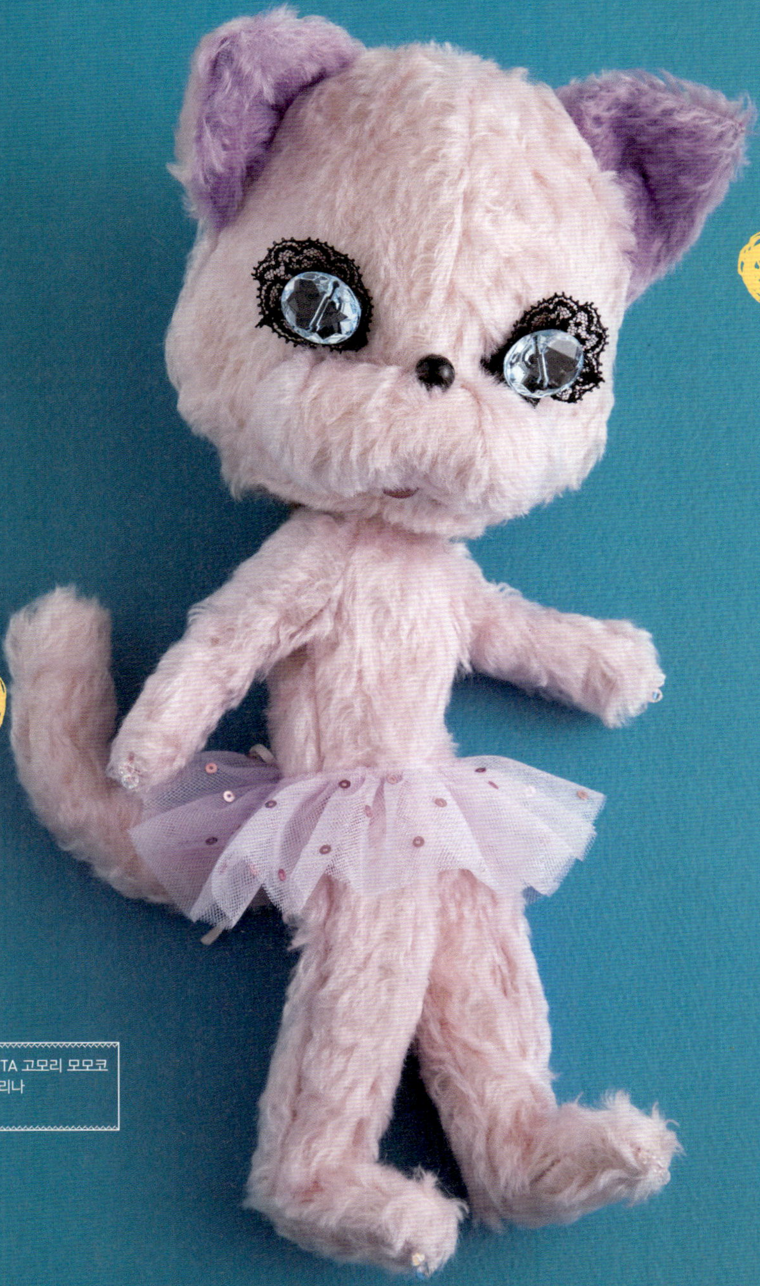

Design & Make ❋ MOMOLITA 고모리 모모코
모델 인형_ 프리마돌리 어브리나
모델 커스텀_ haco

43
고양이
탈

44
고양이
몸통

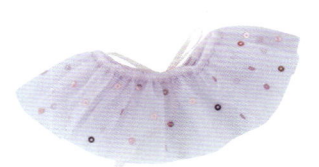

45
틸 스커트

How to make P.100~102
실물 크기 옷본 P.105~107

BASIC

인형옷 만들기를
시작하기 전에

옷 만들기 기초 노트

브라이스 옷은 아주 작기 때문에 만드는 요령이 중요해요!
기초부터 차근차근 익혀볼까요?

기초 감수 • MOMOLITA 고모리 모모코

•• 원단
원단 종류와 취급법을 익혀서 브라이스 옷 만들기를 즐겨 봅시다.

추천 원단
인형옷은 사이즈가 작아서 두꺼워지면 입히기가 어렵답니다.
추천 원단을 참고하여 원단을 골라 보세요.

브로드클로스
짜임이 촘촘하고 얇은 천으로, 부드럽고 가볍습니다. 주로 셔츠나 블라우스, 잠옷 등에 사용해요.

론
가는 실을 사용해 부드럽지만 약간은 거칠게 짠 얇은 면직물입니다. 리넨과 비슷하지만 조금 더 부드러워요.

시팅
굵은 번수 섬유나 실의 굵기를 나타내는 단위 실을 사용한 평직 천으로, 양재에서 시침바느질에도 사용합니다.

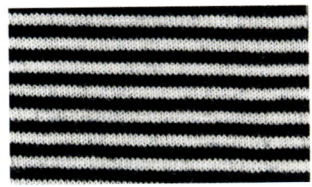

평직 니트
손뜨개에서 '메리야스뜨기'라고 하는 방법으로 뜬 니트 원단입니다. 가로로 잘 늘어나요.

리넨
아마 섬유를 원료로 하여 짠 천입니다. 가벼우면서도 통기성이 좋고, 내구성이 우수한 것이 특징입니다.

이중 거즈
거즈를 2장 맞댄 천으로, 촉감이 좋고 부드럽습니다.

드 신
크레이프 드 신을 의미하며, 가벼우면서도 까슬한 느낌으로 시원하면서도 몸에 달라붙지 않아요.

아문젠
표면이 배 껍질처럼 까슬까슬한 천입니다.

데님
청바지 등에 사용하는 천입니다. 인형옷을 만들 때에는 얇은 데님을 사용하세요(6온스).

튈
그물코 모양의 얇은 망사 원단입니다.

페이크 퍼
천연 모피와 비슷하게 만든 인공적인 모피입니다.

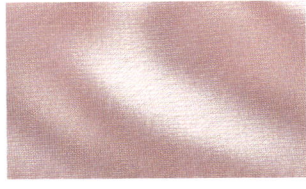

새틴
고급스러운 느낌의 천입니다. 표면이 매끄럽고 감촉이 매우 부드러워요.

올 바로잡기

인형 몸통에 색이 물드는 것을 줄이기 위해 원단은 선세탁하고 올 바로잡기를 합니다. 선세탁을 해 두면 살짝 더러워졌을 때 빨아도 줄어드는 것을 막을 수 있습니다.

※ 견직물 등 선세탁을 하면 안 되는 소재도 있으니 주의하세요.

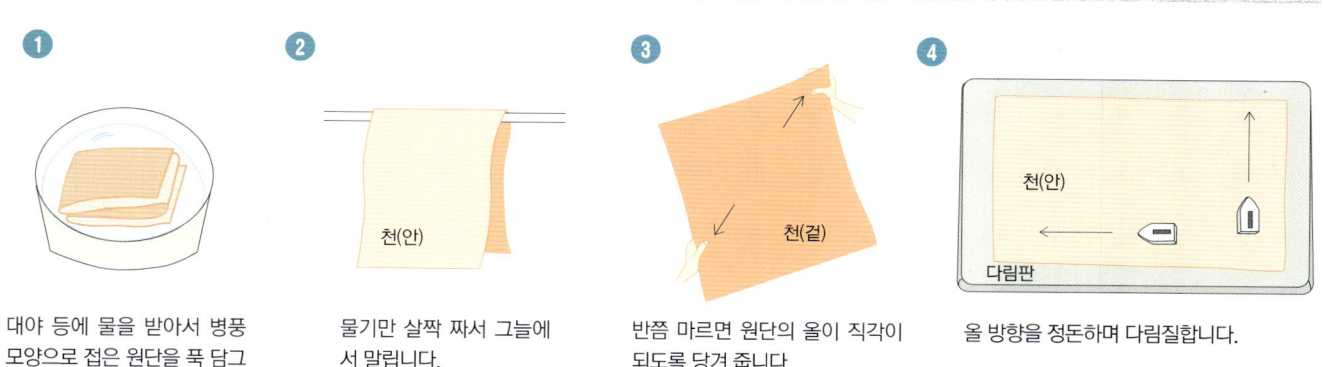

1 대야 등에 물을 받아서 병풍 모양으로 접은 원단을 푹 담그고 하룻밤 둡니다.

2 물기만 살짝 짜서 그늘에서 말립니다.

3 반쯤 마르면 원단의 올이 직각이 되도록 당겨 줍니다.

4 올 방향을 정돈하며 다림질합니다.

∙∙ 도구

옷을 만들 때 필요한 도구입니다. 꼭 있어야 하는 바느질 도구에 추천 도구까지 갖추면 작업도 순조롭게 진행되지요.

바느질 도구

우선 바느질에 필요한 기본 도구를 알아볼까요?

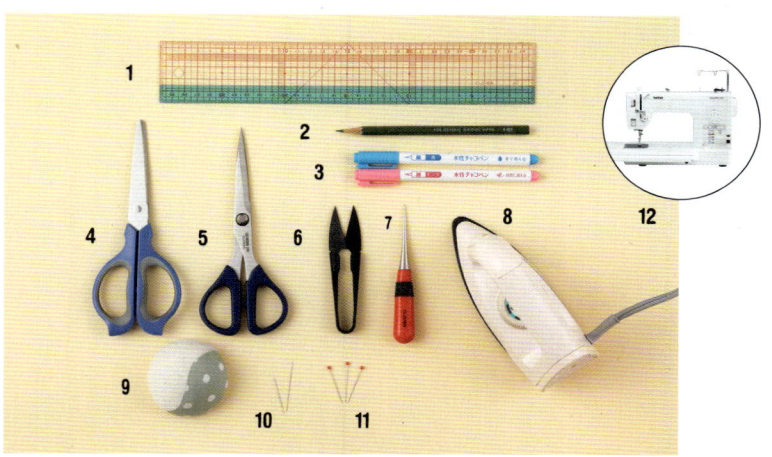

1 자 책에서 옷본을 옮겨 그리거나 치수를 잴 때 사용합니다.

2 연필 책에서 옷본을 옮겨 그릴 때 사용합니다.

3 원단용 수성펜 완성선과 맞춤점 등을 천에 옮겨 그릴 때 사용하는 펜입니다. 물이 닿으면 금방 지워져 지저분해 보이지 않아요.

4 종이용 가위 옷본을 자를 때 필요합니다.

5 원단용 가위 천을 자를 때 사용합니다. 끝이 가늘어서 세밀한 작업을 하기에 편리해요.

6 쪽가위 실을 자를 때 사용합니다. 완성 후 실밥을 정리할 때도 편리해요.

7 송곳 재봉틀로 박음질할 때 천을 눌러 주거나, 옷깃 등의 모서리를 정리할 때 사용합니다.

8 다리미 시접을 깔끔하게 정리할 때, 옷 주름을 펼 때 사용합니다.

9 바늘꽂이 바늘을 사용하지 않을 때에는 바늘꽂이에 꽂아 둡니다.

10 손바늘 똑딱단추나 단추를 달 때, 부분적으로 손바느질을 할 때 사용합니다.

11 시침핀 천끼리 겹쳐 움직이지 않게 고정할 때 사용합니다.

12 재봉틀 가정용 재봉틀도 괜찮지만, 공업용 재봉틀을 사용하면 솔기를 더 깔끔하게 박을 수 있습니다.

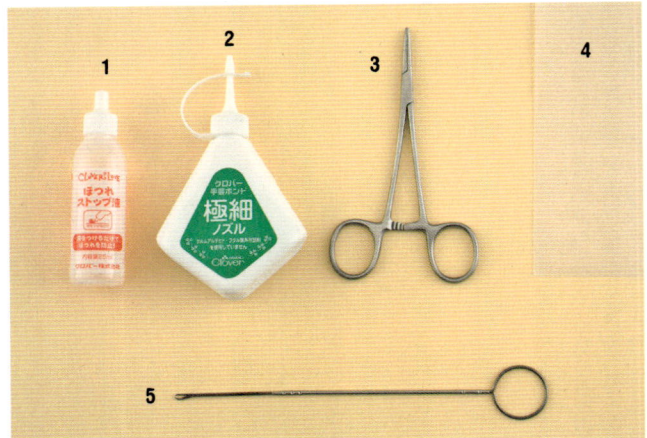

추천 도구
인형옷을 만들기 위해서는 왼쪽의 추천 도구가 있으면 작업이 훨씬 편해집니다.

1 올풀림 방지액

천 가장자리가 풀리지 않도록 바릅니다. 천에 따라서는 하얗게 변하기도 하니, 방지액을 바르기 전에 사용하려는 천 끝에 조금 발라서 확인하세요.

2 수예용 접착제

바느질을 할 수 없는 부분이나 임시로 고정할 때는 수예용 접착제가 크게 활약하지요. 용기 노즐이 되도록 가는 것이 좋습니다.

3 겸자 가위

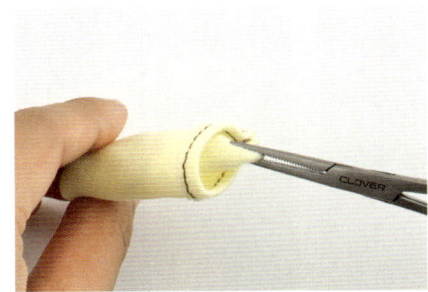

소매, 양말 등의 부분을 겉으로 뒤집을 때에 천을 겸자 가위로 집어서 당기면 쉽게 뒤집어집니다.

4 트레이싱 페이퍼

세밀한 부분이나 얇은 원단, 니트 원단 등은 트레이싱 페이퍼를 깔고 박습니다. 바늘판 바늘구멍에 빠져서 천이 말려들거나 바느질하며 늘어나거나 당겨지는 일을 막을 수 있습니다.

5 끈 뒤집개(루프 뒤집개)

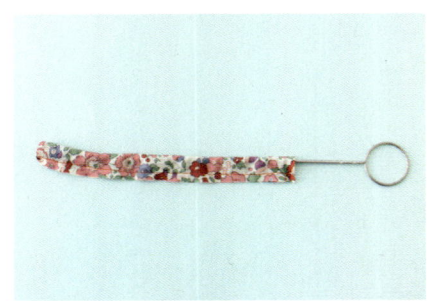

가는 끈을 만들 때, 끈 끝에 걸어서 빠르게 겉으로 뒤집을 수 있습니다.

•• 옷본 사용법

책에서 옮겨 그려서 옷본을 만들고, 완성선과 맞춤점 등을 정확히 원단에 옮겨 그립니다. 정확하게 그려서 바느질하면 옷이 깔끔하게 완성됩니다.

책에서 옷본을 옮겨 그린다

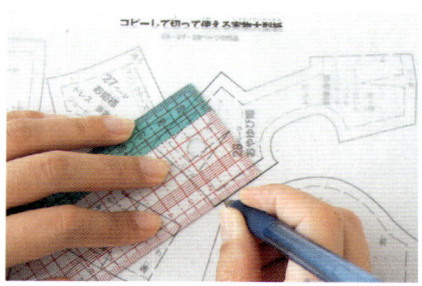

1 실물 크기 옷본에 트레이싱 페이퍼를 올려놓고 선을 따라 그립니다. 직선은 자를 이용하여 그립니다(복사기로 복사해도 OK).

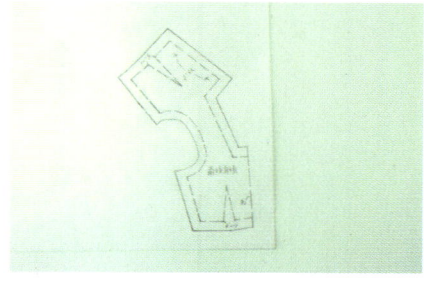

2 옮겨 그렸습니다. 부분명, 맞춤점, 올 방향 표시 등도 잊지 말고 써 줍니다.

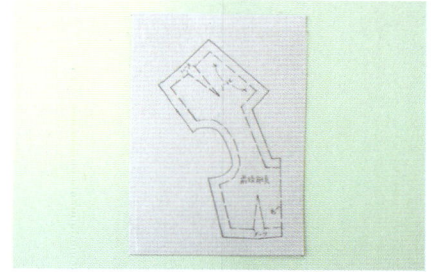

3 트레이싱 페이퍼를 두꺼운 종이에 붙입니다.

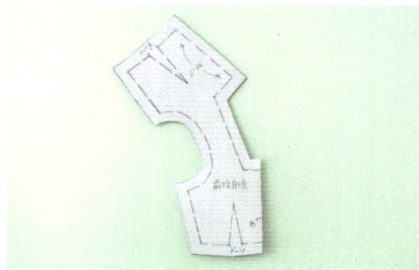

4 재단선을 따라 자릅니다.

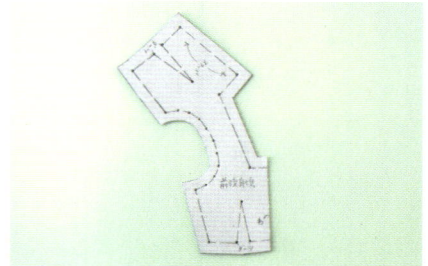

5 모서리와 완성선 위에 송곳으로 구멍을 뚫어서 원단용 수성펜 끝이 들어가 박음질 선을 표시할 수 있도록 합니다. 모서리와 맞춤점 외의 곡선 부분은 구멍을 촘촘하게 뚫습니다.

원단에 옮겨 그린다

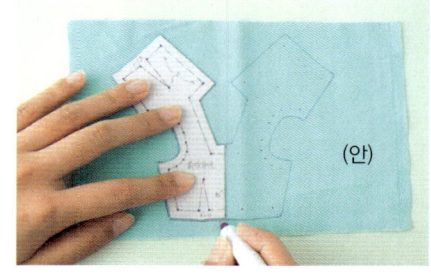

(안)

1 옷본 뒤쪽이 천에 닿게 겹치고 어긋나지 않도록 꽉 누른 뒤에 수성펜으로 가장자리에 선을 그립니다. 옷본에 구멍을 뚫은 자리에도 표시를 해 둡니다.

※ 패치워크용 패치워크 보드 등을 사용하면 천이 잘 어긋나지 않습니다.

재단

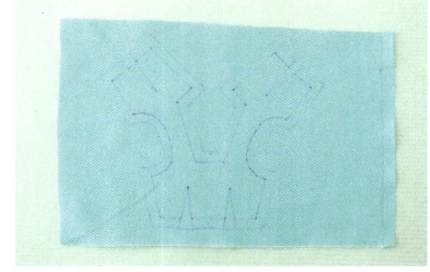

2 '골선'이 있는 옷본은 가운데에서 좌우대칭으로 이어집니다(옷본을 반전해서 사용합니다). 완성선에 찍은 점을 이어서 표시를 해 두면 알아보기 쉽습니다.

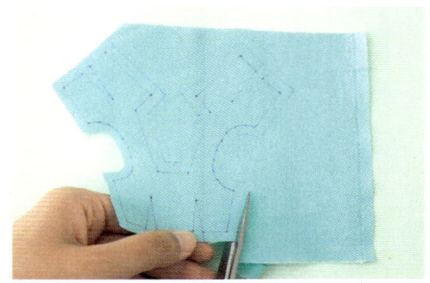

옮겨 그린 시접선 안쪽이나 선 위를 자릅니다. 시접선 바깥쪽을 자르면 완성선이 어긋나서 옷이 커질 우려가 있습니다.

POINT

퍼 재단

털을 자르지 않도록 가위를 올려 들고 바탕 천만 자릅니다.

43

•• 재봉틀 바느질

재봉틀로 박음질할 때에 사용하는 실과 바늘 고르는 법, 바늘땀 길이는 어떤 게 좋은지 소개합니다.

재봉실과 재봉틀 바늘

주로 사용하는 세 가지 실과 바늘입니다. 원단 두께와 소재에 맞춰서 사용하세요.

	얇은 원단 (론 등)	보통 원단 (브로드클로스, 시팅 등)	니트 원단 (평직 니트, 스무스 등)
재봉실	90수	60수	니트용 재봉실 천이 늘어나면 같이 늘어나는 신축성 있는 실입니다.
재봉틀 바늘	9호	11호	니트 전용 재봉틀 바늘 바늘 끝이 뭉툭하게 되어 있어서 원단의 올이 상하지 않습니다.

* 재봉실의 숫자가 클수록 실이 가늘어집니다.
* 국내에서는 일반적으로 40수, 60수 재봉실을 사용합니다. 얇은 원단은 이보다 가는 재봉실을 사용하세요.

바늘땀 길이

인형 사이즈에 따라 바늘땀의 길이도 달라집니다.

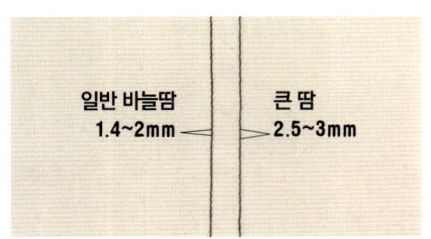

일반 바늘땀 1.4~2mm — 큰 땀 2.5~3mm

브라이스 옷은 네오 브라이스가 성인복의 1/6, 푸치 브라이스가 1/12 정도의 사이즈입니다. 평소에 바느질할 때와 똑같이 박으면 옷 크기에 비해 바늘땀이 너무 커지므로, 바늘땀 길이를 짧게 해서 박아 주세요.

•• 다림질

옷을 만드는 과정마다 다림질을 하여 모양을 정리하면 다음 작업이 순조롭게 진행되고 완성도도 높아진답니다.

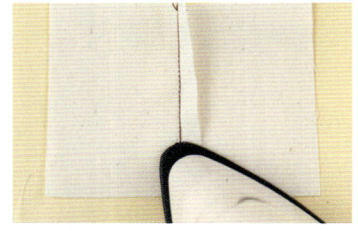

시접을 넘긴다
다리미 끄트머리로 시접을 한쪽으로 넘깁니다.

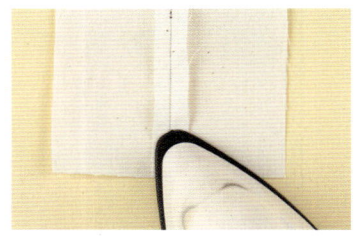

시접을 가른다
다리미 끄트머리로 시접을 양쪽으로 벌립니다.

•• 천 가장자리 처리

천 가장자리가 풀리지 않도록 처리해 둡니다.

올풀림 방지액

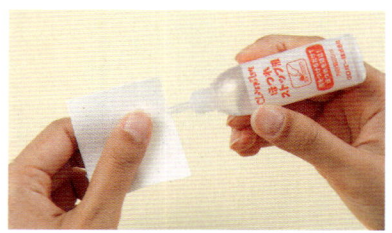

익숙해지면

천 가장자리에 올풀림 방지액을 발라두고, 방지액이 마른 뒤에 작업을 진행합니다. 방지액이 너무 많이 나오지 않도록 용기를 누를 때 조심하세요.

익숙해지면 올풀림 방지액을 바르는 작업을 조금 빠르게 할 수 있습니다. 원단에 옷본의 선을 옮겨 그린 다음, 재단하기 전에 올풀림 방지액 용기를 원단에 꽉 누르고 시접선을 따라 그리듯이 방지액을 바릅니다. 이때 방지액이 너무 많이 나오지 않도록 조심합니다. 원단용 수성펜으로 그린 표시는 물기가 있으면 지워지므로, 방지액을 바를 때에는 내수성 펜으로 선을 그려 주세요.

지그재그박기

지그재그박기를 사용할 때에는 지그재그 폭을 작게 조절해서 박습니다.

•• 부분 바느질

어깨선, 옷깃, 소매 달기 등은 바느질 방법에 요령이 있습니다. 조금만 익혀 두면 바느질이 쉬워진답니다.

어깨 잇기

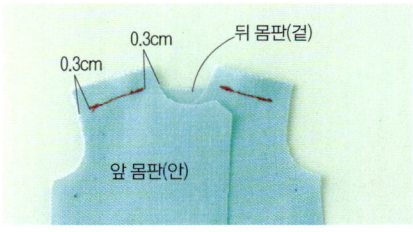

0.3cm 0.3cm 뒤 몸판(겉)
앞 몸판(안)

1 끝까지 박지 말고 그 전에 되돌려박기를 합니다. 시접이 0.5cm인 경우, 양 끝을 0.3cm쯤 남기고 박습니다. 틈새가 가위집 대신이 되어, 옷깃이나 소매를 달았을 때에 시접에 여유가 생겨서 천이 당겨지지 않습니다.

앞 몸판(안)
뒤 몸판(안)

2 시접을 가릅니다. 시접 너비가 고르게 되도록 깔끔하게 가르세요

니트 원단

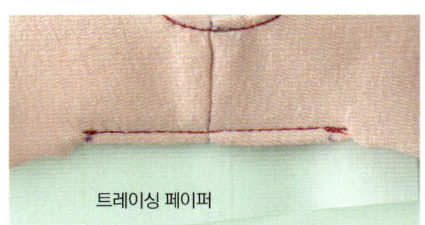

트레이싱 페이퍼

니트 원단은 바늘판 바늘구멍에 빠져서 말려들거나 박으면서 늘어날 때가 많으므로, 밑에 트레이싱 페이퍼를 깔고 함께 박아 줍니다. 다 박고난 후에는 트레이싱 페이퍼를 뜯어냅니다.

다트

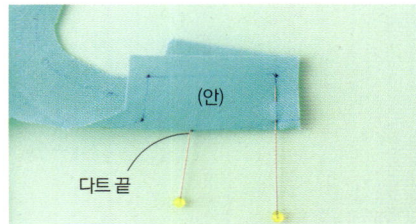

(안)
다트 끝

1 다트 끝에 시침핀을 꽂아서 표시를 하고, 다트를 겉끼리 맞닿게 접어서 시침핀으로 고정합니다.

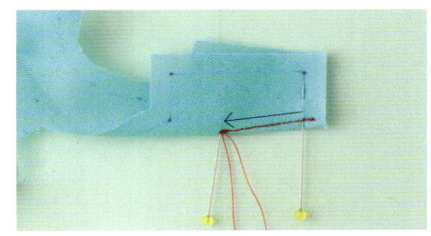

2 가장자리에서부터 다트 끝을 향해서 박고, 다트 끝은 자연스럽게 사라지도록 박습니다.

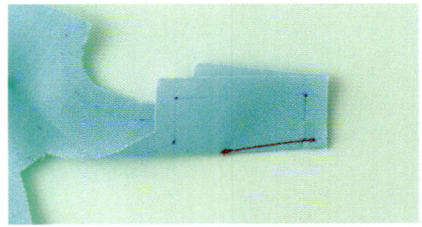

3 되돌려박기를 하고 실을 자릅니다. 되돌려박기를 하기 어려운 원단일 때에는 남아 있는 실을 솔기 가까이에서 2줄을 함께 묶고 실 끝을 자릅니다.

둥근 깃 ①

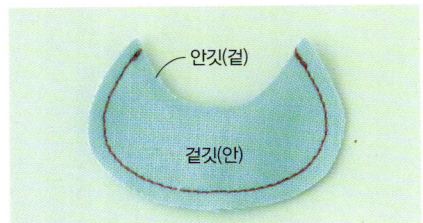

1 옷깃 2장을 겉끼리 맞대고 박습니다.

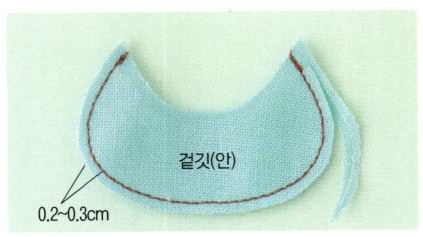

2 옷깃을 겉으로 뒤집었을 때에 우글거리거나 두꺼워지지 않도록 시접을 가늘게 잘라줍니다. 시접이 0.5cm라면 0.2~0.3cm로 자르세요.

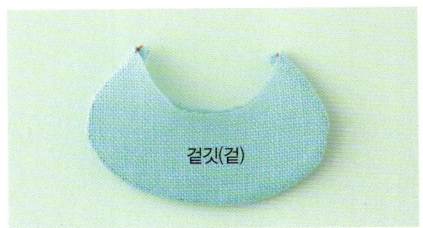

3 옷깃을 겉으로 뒤집은 후, 다림질해 정리합니다. 겉깃 쪽에서 솔기가 보이지 않도록 안깃 쪽으로 조금 당기면 깔끔합니다.

둥근 깃 ②

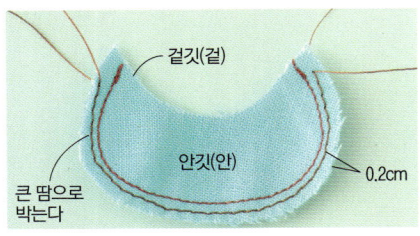

1 옷깃 2장을 겉끼리 맞대고 박은 뒤, 시접에 재봉틀 땀폭을 크게 하여 박습니다.

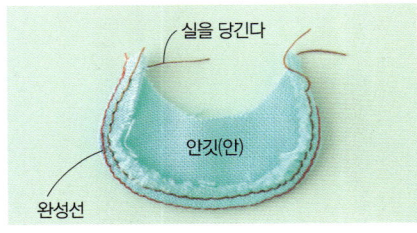

2 큰 땀으로 박은 재봉실 중 안깃 쪽의 실을 당긴 후, 시접을 완성선에서 다림질해 안깃 쪽으로 접습니다.

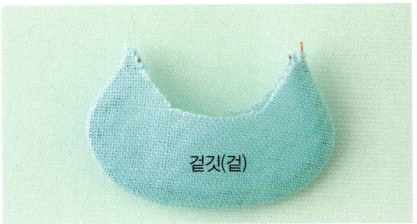

3 겉으로 뒤집은 후 다림질해 정리하고, 큰 땀으로 박은 실 끝을 자릅니다.

뾰족한 깃

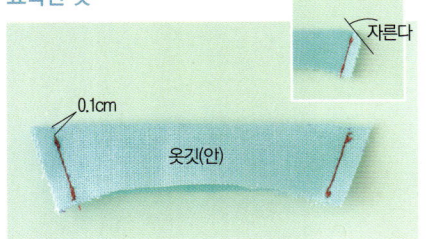

1 옷깃을 겉끼리 맞닿게 접어서 양 옆선을 박습니다. 옷깃 끝 쪽은 0.1cm를 남기고 박은 뒤, 모서리 시접을 비스듬히 자릅니다. 옷깃 끝을 박지 않고 남겨 두면, 끝이 찌그러지지 않고 뾰족한 모서리가 됩니다.

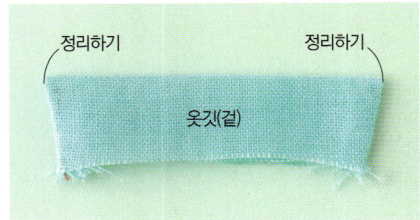

2 옷깃을 겉으로 뒤집습니다. 깃 끝 모서리가 잘 나오도록 송곳으로 정리해 줍니다.

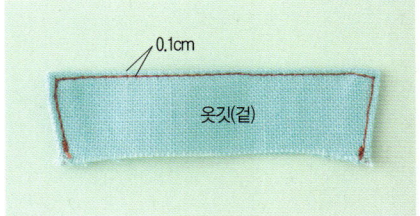

3 옷깃 둘레를 눌러 박습니다. 가는 부분이므로 바늘판 바늘구멍에 천이 빠지지 않도록 밑에 트레이싱 페이퍼를 깔면 쉽게 박을 수 있습니다.

옷깃 달기

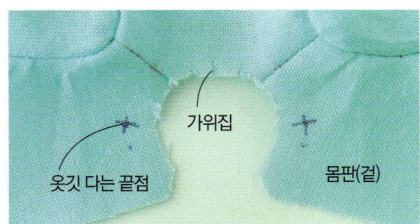

1 목둘레 시접에 가위집을 넣습니다.

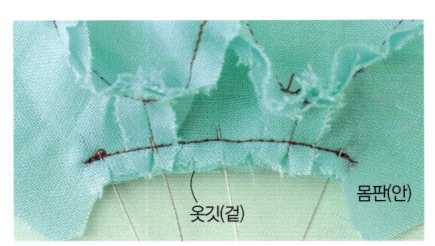

2 가위집을 벌려서 몸판에 옷깃을 겹치고 박아 줍니다.

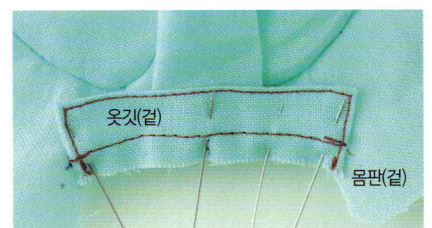

46

목둘레 처리(시접을 안쪽으로 접어 넣어서 만들 때)

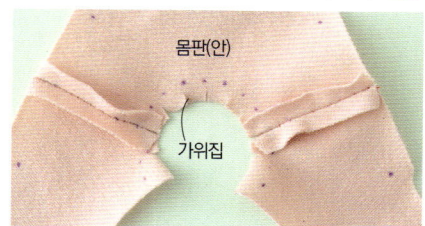

1 목둘레 시접에 가위집을 넣습니다.

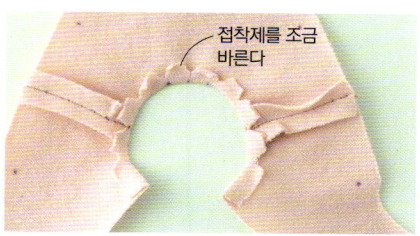

2 시접을 완성선에서 안쪽으로 접고 접착제를 조금 발라서 고정합니다.

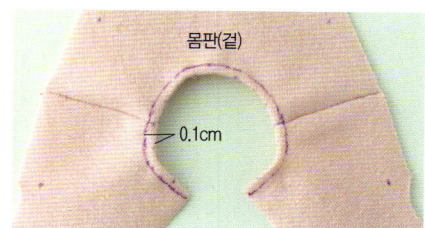

3 눌러 박을 선을 목둘레에 원단용 수성펜으로 그립니다.

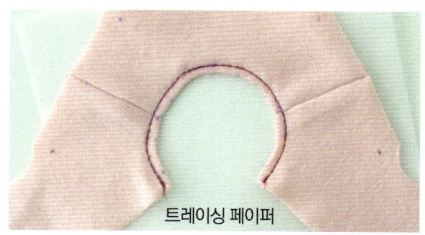

4 3의 선 위를 눌러 박습니다. 박을 때에는 밑에 트레이싱 페이퍼를 깔면 쉽게 박을 수 있습니다.

소매 달기

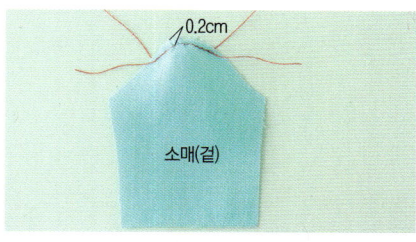

1 소매산에 땀을 크게 하여 박은 뒤에 완성선에 잔주름이 잡히지 않을 정도로 실을 당겨 가며 둥그렇게 만듭니다. 이것을 '홈줄임'이라고 합니다.

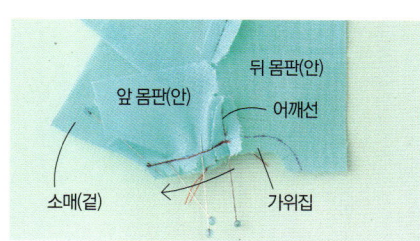

2 몸판 시접에 가위집을 넣고, 몸판 절반과 소매를 겉끼리 맞대어 소매산에서부터 소매 옆선까지 박습니다. 초보자는 몸판 쪽을 위로 해서 박는 것이 쉽습니다.

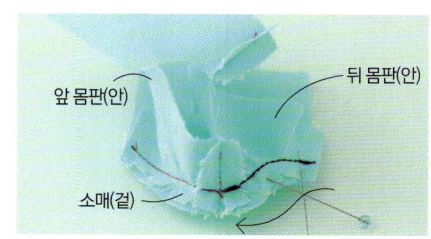

3 이번에는 몸판의 남은 절반과 소매를 겉끼리 맞대고 소매 옆선에서부터 소매산까지 박습니다.

※ 익숙해지면 소매 쪽을 위로 오게 하여 끝에서부터 다른 끝까지 한 번에 박으면 더 깔끔하게 완성됩니다.

네오 브라이스

→
Photo P.10
실물 크기 옷본 P.65

LESSON 1 러블리 파티

[재료]

4 고깔모자
면(줄무늬) 10cm×10cm
아문젠(노랑) 11cm×11cm
펠트(바탕, 바닥용) 13cm×8cm
1cm 너비 오건디 리본 57cm
지름 1.5cm 솜방울(분홍) 1개
구름솜 조금

5 파티 블라우스
면(깅엄체크) 15cm×15cm
2cm 너비 튈 레이스 6cm 2줄(진동둘레용)
1.5cm 너비 레이스 4cm(앞 중심용)
2cm 너비 프릴 리본 8cm(밑단용)
1.2cm 너비 새틴 리본 5.5cm 2줄(리본용)
0.4cm 너비 새틴 리본 1cm 2줄(리본 중심용)
접착심지 5cm×6cm
지름 0.6cm 똑딱단추 2쌍

6 방울 잔주름 치마
드 신(민트그린) 35.5cm×8cm
1.2cm 너비 새틴 리본(분홍) 9.5cm(허리띠용)
2.5cm 너비 프릴 리본(분홍) 36.5cm
지름 0.7cm 방울 10개
지름 0.6cm 똑딱단추 2쌍

7. 양말
얇은 평직 니트(노랑) 15cm×15cm

※ 알아보기 쉽도록 다른 천과 눈에 띄는 색깔 실을 사용했습니다.
※ 천 가장자리는 올풀림 방지액으로 처리해 둡니다.

---

5 파티 블라우스

1. 안단을 단다

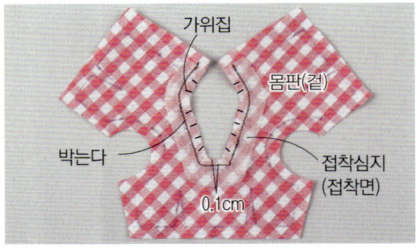

1 몸판에 접착심지의 접착면이 위로 오도록 겹치고, 목둘레를 완성선보다 0.1cm 안쪽을 박은 후, 시접에 가위집을 넣습니다.

2 접착심지를 안쪽으로 넘기고 목둘레를 완성선에서 접어서 다리미로 눌러 줍니다.

3 몸판 겉쪽에서 목둘레를 눌러 박습니다.

2. 다트를 박는다

다트를 접어서 박고 옆선 쪽으로 넘깁니다. 앞 몸판과 뒤 몸판 4군데에 있는 다트를 박아 줍니다.

3. 진동둘레에 레이스를 단다

1 진동둘레 시접에 가위집을 넣고 완성선에서 안쪽으로 접습니다.

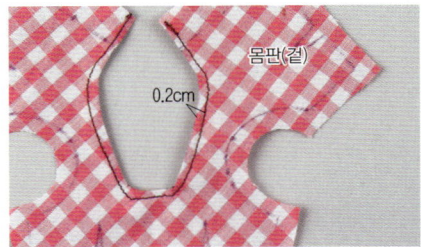

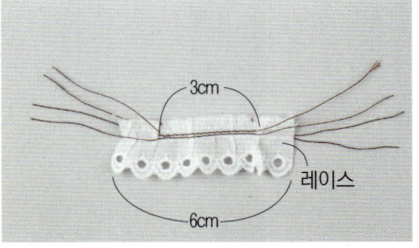

2 레이스에 재봉틀 땀을 크게 하여 2줄을 박아 줍니다(바늘땀은 2.5mm~3mm 정도). 실을 잡아 당겨서 잔주름을 잡습니다.

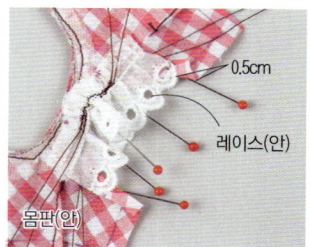 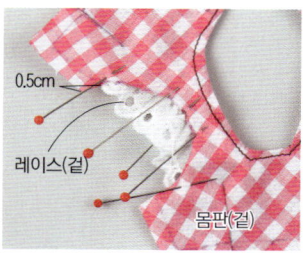 

3 진동둘레에 레이스를 겹치고 시침핀으로 고정합니다. 레이스가 몸판의 소매 옆선 시접에 걸리지 않도록 고정해 줍니다.

4 겉쪽에서 눌러 박습니다. 반대쪽 진동둘레에도 레이스를 달아 줍니다.

---

4. 앞 중심에 레이스를 단다

앞 중심에 레이스 아래 끝부분을 맞춰서 겹치고, 목둘레에서 남은 레이스를 안으로 접어 넣고 박아 줍니다.

5. 옆선을 박는다

몸판을 겉끼리 맞대고 양 옆선을 박습니다. 시접은 갈라 다림질합니다.

6. 밑단에 프릴 리본을 단다

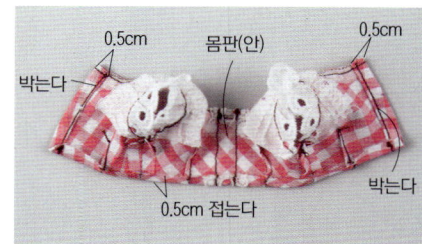

1 뒤판 끝선 시접을 2번 접어서 박습니다. 밑단 시접은 완성선에서 1번 접어 줍니다.

---

7. 리본을 만든다

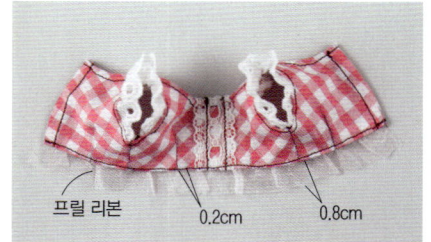

2 프릴 리본 위에 몸판을 겹치고 겉쪽에서 박습니다. 프릴 리본 끝에는 올풀림 방지액을 발라 둡니다.

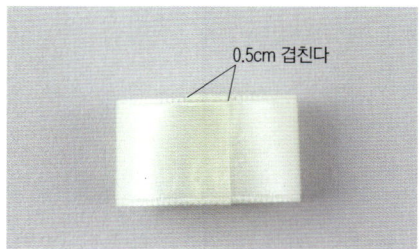

1 1.2cm 너비 새틴 리본의 끝을 0.5cm 겹쳐서 접착제로 붙입니다.

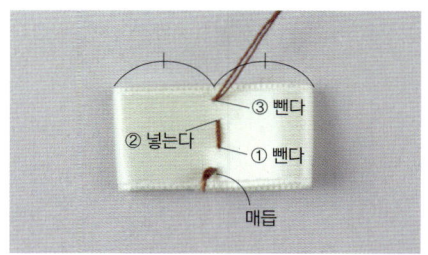

2 리본 가운데에 겹쳐진 3장을 한꺼번에 꿰맵니다.

3 실을 잡아 당겨서 바늘에 꿰어 있는 실을 리본 가운데에 감고, 매듭을 지은 뒤에 실을 자릅니다.

4 가운데에 0.4cm 너비 새틴 리본을 감고 뒤쪽에서 리본 끝을 접착제로 고정합니다.

5 1~4의 방법으로 리본을 2개 만들고, 앞 중심에 리본을 접착제로 붙여 줍니다.

8. 똑딱단추를 단다

1 왼쪽 뒤 몸판에 똑딱단추(凹)를 겹칩니다. 바늘에 꿴 실에 매듭을 지은 뒤에 몸판 안쪽에서 똑딱단추 구멍으로 바늘을 뺍니다.

몸판(겉)

2 똑딱단추 바로 옆으로 바늘을 넣습니다.

3 같은 구멍에 실을 2번 통과시키고 옆쪽 구멍으로 바늘을 뺍니다.

4 같은 방식으로 **3**의 구멍에 실을 2번 통과시키고 다시 옆쪽 구멍에 실을 2번 통과시킵니다.

5 모든 구멍에 실을 2번씩 통과시킨 뒤에 바늘을 몸판 안쪽으로 빼고 매듭을 지어 실을 자릅니다.

6 같은 방식으로 왼쪽 뒤 몸판에 똑딱단추(凹)를 1개 더 달아 줍니다.

왼쪽 뒤 몸판(겉)

7 오른쪽 뒤 몸판 안쪽에 똑딱단추(凸)를 답니다. 구멍에서 구멍으로 실이 건너갈 때에는 시접 속으로 통과시키면 겉에서 봤을 때 실이 잘 드러나지 않습니다.

오른쪽 뒤 몸판(안)

완성

1. 가장자리를 접어서 박는다

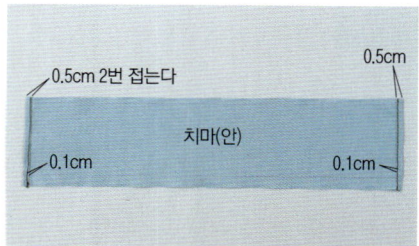

0.5cm 2번 접는다
0.5cm
치마(안)
0.1cm
0.1cm

1 치마 양 가장자리를 0.5cm씩 2번 접고, 접힌 선 바로 옆을 박습니다.

0.1cm
0.5cm 2번 접는다

2 치맛단을 0.5cm씩 2번 접고, 접힌 선 바로 옆을 박습니다.

2. 리본을 단다

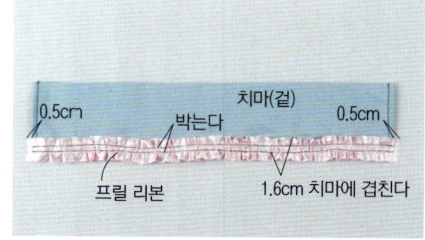

0.5cm
치마(겉)
박는다
0.5cm
프릴 리본
1.6cm 치마에 겹친다

치맛단에 프릴 리본을 달아 줍니다. 리본 양 끝은 치마 양 옆선에서 0.5cm만큼 바깥으로 나옵니다.

3. 허릿단을 단다

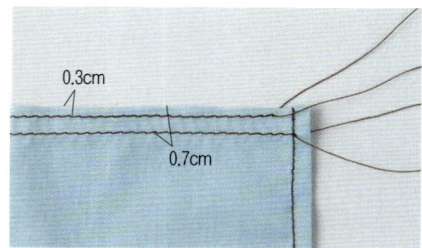

0.3cm
0.7cm

1 치마 위쪽 가장자리에 큰 땀으로 2줄 박아 줍니다. 큰 땀으로 박은 실 중 치맛단 쪽 실은 허릿단용 리본을 단 뒤에 빼냅니다.

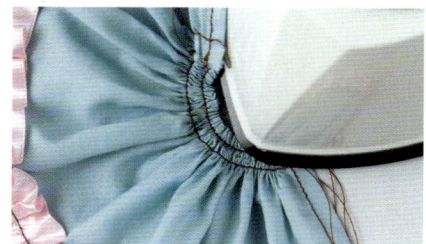

2 실을 당겨서 8.2cm로 줄이고 시접을 다려서 잔주름을 고정합니다.

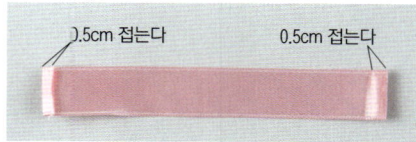

0.5cm 접는다
0.5cm 접는다

3 허릿단용 리본의 양 끝을 0.5cm씩 접고, 다시 가로로 반을 접습니다.

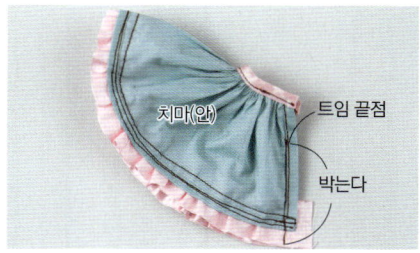

치마 끝에서 0.3cm 나온다

4 치마 시접을 리본에 끼워서 박습니다. 리본 한쪽 끝은 치마 끝에서 0.3cm 나옵니다. 시침질을 한 뒤에 박으면 쉽게 박을 수 있습니다.

4. 뒤 중심을 박는다

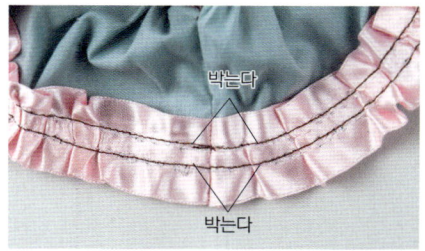

치마(안)
트임 끝점
박는다

1 치마를 겉끼리 맞닿게 접어서 트임 끝점에서부터 치맛단까지 박습니다.

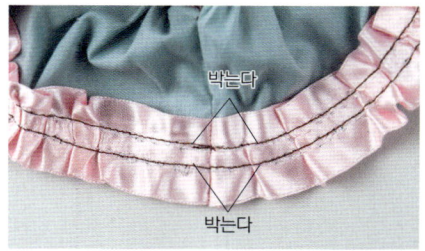

박는다
박는다

2 시접을 가르고 리본 솔기 위를 박아서 시접을 눌러 줍니다.

5. 똑딱단추와 장식을 단다

치마(겉)

1 허리에서 리본이 0.3cm 더 나온 쪽에 똑딱단추(凸)를, 딱 맞춘 쪽에 똑딱단추(凹)를 달아 줍니다.

치마(겉)

2 치마에 방울을 달아 줍니다.

완성

51

1. 몸판을 만든다

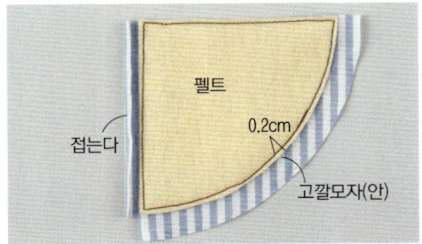

1 고깔모자의 완성선에 바탕용 펠트를 겹치고 박아 줍니다. 시접 끝은 펠트 끝에 맞춰서 접습니다.

2 모자 끝의 모서리는 비스듬하게 자릅니다.

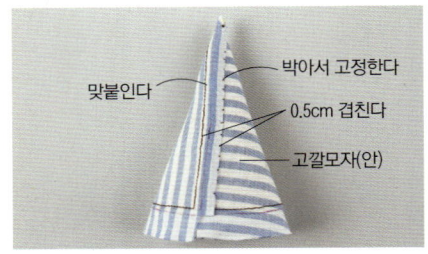

3 펠트 양 옆선을 맞붙이듯이 해서 원뿔 모양을 만들고 시접 끝을 박아 줍니다.

4 모자 입구 시접에 가위집을 넣어서 안쪽으로 접어 넣고 접착제로 고정합니다.

5 안에 구름솜을 넣어 채웁니다.

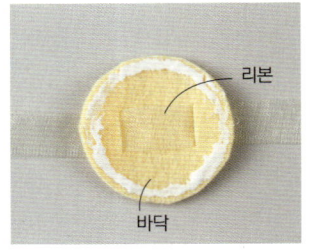

6 바닥에 가위집을 넣어서 리본을 끼웁니다.

7 바닥 둘레에 접착제를 발라서 고깔모자에 붙입니다.

2. 리본을 만든다

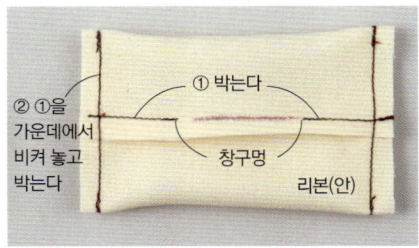

1 리본을 겉끼리 맞닿게 접어서 창구멍을 남기고 박고, 양 옆선도 박아 줍니다.

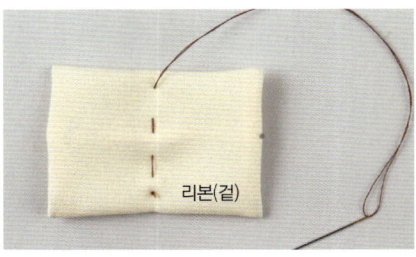

2 겉으로 뒤집어서 가운데를 꿰맵니다.

3 실을 당겨서 주름을 잡고, 매듭을 지은 뒤에 실을 자릅니다.

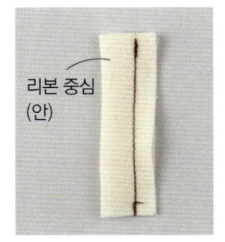

4 리본 중심을 겉끼리 맞닿게 접어서 박습니다. 끈 뒤집개(P.42) 등을 이용하여 겉으로 뒤집고, 솔기를 중심에서 비켜 놓고 다립니다.

5 리본에 리본 중심을 감고 뒤쪽에서 꿰매 줍니다. 접착제로 고깔모자 몸통에 붙입니다.

6 솜방울에 구멍을 뚫어서 고깔모자 꼭대기에 접착제로 붙입니다.

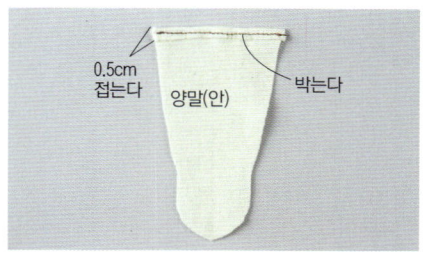

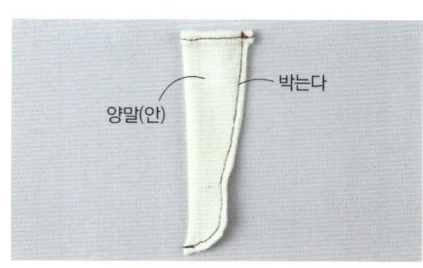

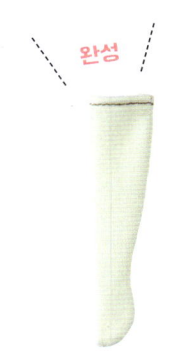

완성

1 양말목 입구를 완성선에서 1번 접어서 밑에 트레이싱 페이퍼를 깔고 박습니다. 박고 나면 트레이싱 페이퍼는 떼어 냅니다.

2 겉끼리 맞닿게 접어서 박은 뒤에 겉으로 뒤집습니다.

푸치 브라이스

Photo P.16
실물 크기 옷본 P.74

Photo P.16
실물 크기 옷본 P.74

LESSON2 바다유리

[재료]

16 홀터넥 원피스
면(물방울무늬) 6cm×3cm(겉 몸판용)
론(흰색) 6cm×3cm(안 몸판용)
면(꽃무늬) 14cm×4cm(치마용)
0.5cm 너비 레이스 5.5cm(허리용)
0.7cm 너비 레이스 14cm(치맛단용)
1cm 너비 레이스 1cm(몸판용)
0.3cm 너비 새틴 리본 20cm(어깨끈용)
0.3cm 너비 얇은 리본 10cm(목둘레용)
프릴 리본 14cm(치맛단용)
지름 0.1cm 둥근 비즈(금색) 2개
얇은 벨크로 테이프 0.8cm×2cm

17 페티코트
론(줄무늬) 14cm×4cm
1.8cm 너비 레이스 14cm
0.4cm 너비 납작 고무줄 4cm

※ 알아보기 쉽도록 다른 천과 눈에 띄는 색깔 실을 사용했습니다.
※ 천 가장자리는 올풀림 방지액으로 처리해 둡니다.

16 홀터넥 원피스

1. 몸판을 만든다

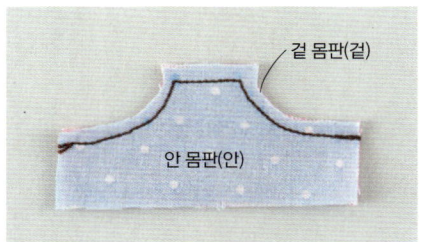

1 겉 몸판과 안 몸판을 겉끼리 맞대고 박습니다.

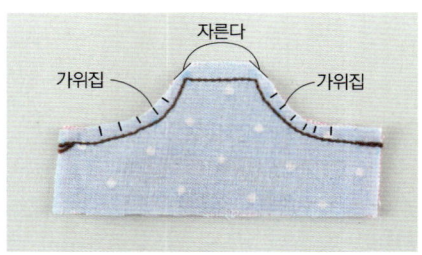

2 곡선 부분에 가위집을 넣고, 모서리 시접은 자릅니다.

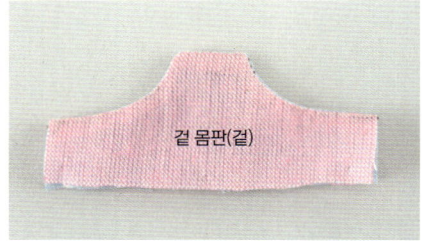

3 겉으로 뒤집은 후, 다림질해 모양을 잡습니다.

2. 치마를 만든다

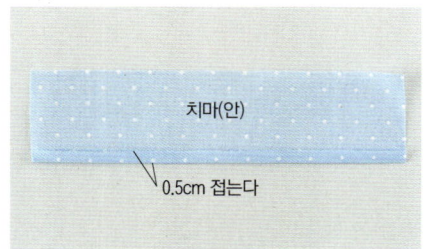

1 치맛단을 0.5cm 접습니다.

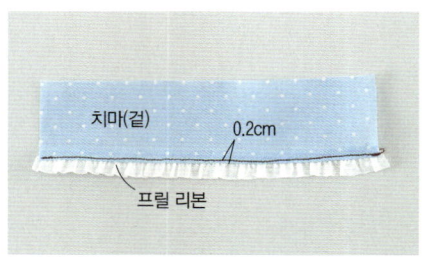

2 프릴 리본에 치맛단을 겹치고 겉쪽에서 박습니다.

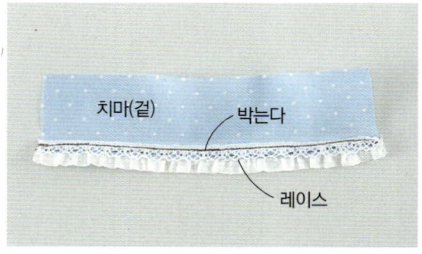

3 치마와 프릴 리본의 경계에 0.7cm 너비 레이스를 겹쳐서 박습니다.

3. 몸판과 치마를 잇는다

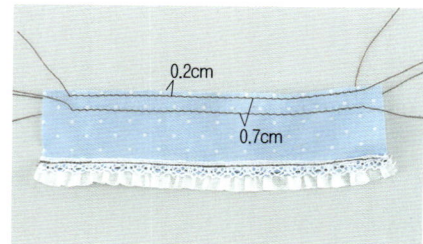

0.2cm
0.7cm

1 치마 완성선 위와 아래에 큰 땀으로 박아 줍니다.

안 몸판(겉)
치마(겉)

2 치마와 겉 몸판을 겉끼리 맞대고 끝과 가운데를 시침핀으로 고정합니다.

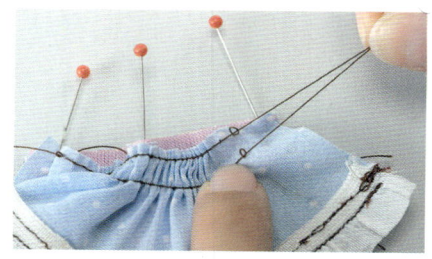

3 큰 땀으로 박은 실 2줄의 끝을 잡고 당겨서 잔주름을 잡습니다. 주름 잡은 시접을 다림질해두면 박기가 편해집니다.

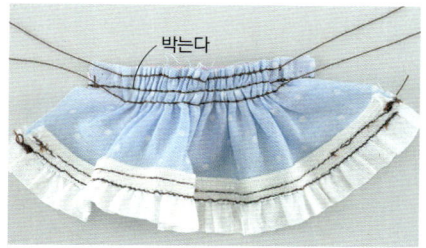

박는다

4 완성선을 박아서 잇고 시접은 몸판 쪽으로 넘깁니다. 큰 땀으로 박은 실은 빼냅니다.

0.1cm

5 겉쪽에서 눌러 박습니다.

4. 장식을 단다

0.5cm
레이스 끝을 접는다

1 0.5cm 너비 레이스의 양 끝을 접고, 허리 절개선에 레이스 아래쪽 끝을 맞춰서 박습니다. 감침질로 달아도 OK.

새틴 리본
꿰매 준다
0.2cm 겹친다
레이스를 접착제로 붙인다

2 몸판에 1cm 너비 레이스를 잘라서 접착제로 붙입니다. 몸판 가운데에 새틴 리본 가운데를 겹치고 꿰매 줍니다.

얇은 리본
둥근 비즈

3 얇은 리본을 묶어서 솔기가 가려지도록 앞 중심에 달아 줍니다. 둥근 비즈도 가운데에 답니다.

5. 벨크로 테이프를 달고 뒤 중심을 박는다

0.2cm
벨크로 테이프 갈고리(안)
벨크로 테이프 걸림고리(겉)
치마(안)
0.5cm 접는다
0.5cm 접는다

1 시접을 접어서 밑덧단처럼 벨크로 테이프 갈고리 쪽을 달고, 접은 끝에 맞춰서 벨크로 테이프 걸림고리를 달아 줍니다.

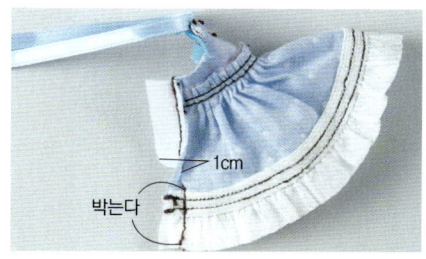

1cm
박는다

2 몸판과 치마를 겉끼리 맞대고 뒤 중심을 박습니다. 시접은 가릅니다.

완성

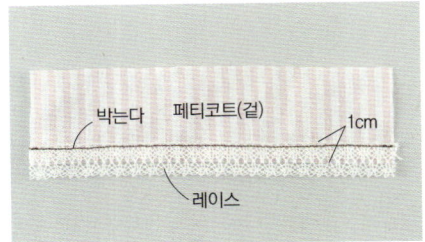

1 페티코트 밑단에 레이스를 겹치고 박습니다.

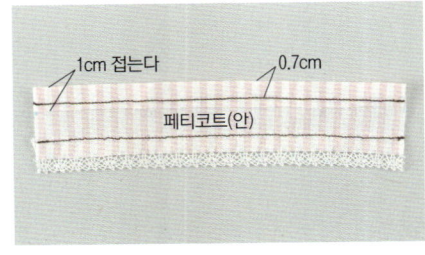

2 허리를 1cm 접어서 박습니다.

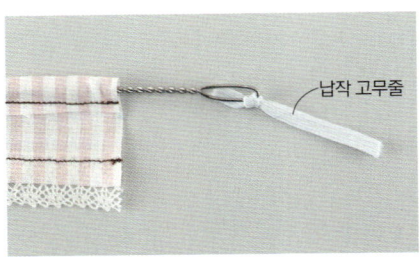

3 허리에 납작 고무줄을 끼웁니다.

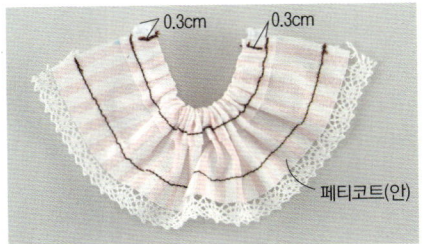

4 고무줄이 빠지지 않도록 임시로 고정합니다.

5 페티코트를 겉끼리 맞닿게 접어서 박습니다. 시접은 가릅니다. 겉으로 뒤집습니다.

Petite Blythe

미디 브라이스

Photo P.32
실물 크기 옷본 P.99
지도 • MOMOLITA 고모리 모모코

Photo P.32
실물 크기 옷본 P.99

LESSON 3 곰돌이 멜빵바지

[재료]

38 곰돌이 멜빵바지
레이온 데님 20cm×30cm
면(줄무늬) 3cm×8cm(귀용)
얇은 합성피혁(은색) 10cm×1.5cm(발톱용)
얇은 합성피혁(흰색) 4cm×1cm(입용)
미니 지퍼 1개
지름 1.1cm 단추(빨강, 노랑) 2개씩
자수실 조금

39 양말
니트 원단 7cm×10cm

※ 39 양말 만드는 법은 P.53 참조
※ 알아보기 쉽도록 다른 천과 눈에 띄는 색깔 실을 사용했습니다.
※ 천 가장자리는 올풀림 방지액으로 처리해 둡니다.

38 곰돌이 멜빵바지

1. 지퍼를 단다

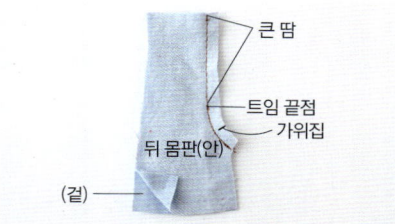

1 뒤 몸판 2장을 겉끼리 맞대고 위쪽 끝에서부터 트임 끝점까지 큰 땀으로 박고, 트임 끝점에서 되돌려박기를 한 뒤 밑위 부분은 보통 크기 땀으로 박습니다. 곡선 부분에 가위집을 1군데 넣습니다.

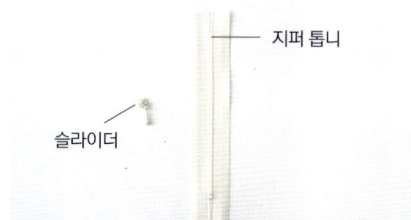

2 지퍼 슬라이더를 위로 밀어서 빼냅니다. 지퍼 톱니가 열리지 않도록 주의하세요.

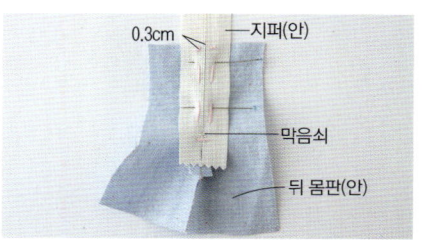

3 지퍼 막음쇠를 트임 끝점에 맞추고, 뒤 몸판 안쪽에 뒤 중심과 지퍼 중심을 겹쳐서 시침합니다.

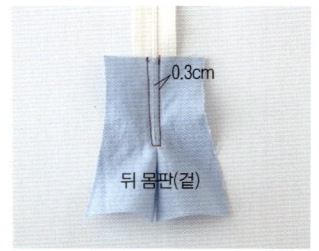

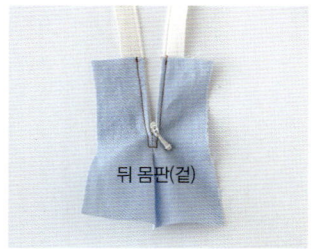

4 겉에서 보면서 지퍼를 박아 줍니다. 슬라이더를 다시 끼우고 시침실을 빼낸 뒤에 큰 땀으로 박은 실을 트임 끝점까지 풀어 줍니다. 남은 지퍼는 그대로 남겨 둡니다.

POINT

슬라이더를 다시 끼울 때에는 지퍼 테이프 양쪽을 맞추고, 슬라이더의 납작한 부분부터 넣습니다. 속까지 끼워 넣고 지퍼 테이프를 양 옆으로 벌리듯이 당기면 원래대로 돌아갑니다.

2. 곰 발과 발톱을 만든다

1 어림하여 재단한 천에 곰 발의 완성선과 곰 발을 달 자리의 시접선을 그리고 겉끼리 맞대어 박습니다. 밑에 트레이싱 페이퍼를 깔면 박기가 편해집니다.

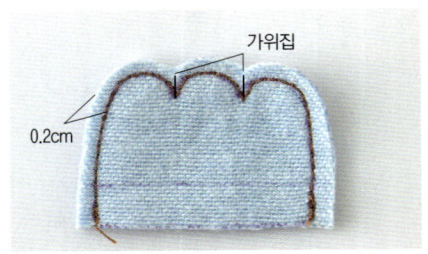

2 트레이싱 페이퍼를 떼어내고 시접을 자른 뒤에 옴폭 들어가는 자리에는 가위집을 넣습니다.

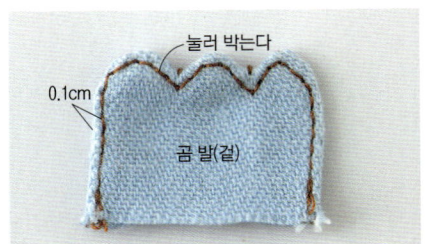

3 겉으로 뒤집어서 트레이싱 페이퍼를 밑에 깔고 곰 발 둘레를 눌러 박습니다. 트레이싱 페이퍼를 떼어 냅니다.

4 발톱을 곰 발 뒤쪽에 접착제로 붙입니다. 이렇게 발을 2개 만듭니다.

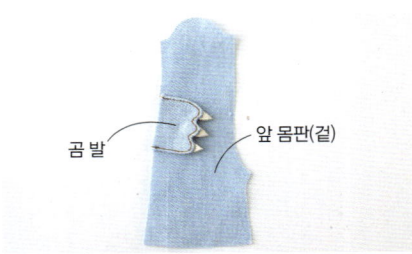

5 곰 발을 접착제로 앞 몸판의 시접에 임시로 고정합니다. 1~5의 방법으로 1개 더 만듭니다.

3. 옆선을 박는다

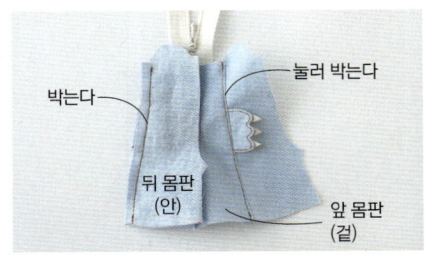

앞 몸판과 뒤 몸판을 겉끼리 맞대고 옆선을 박습니다. 시접은 뒤 몸판 쪽으로 넘기고 눌러 박습니다.

4. 귀를 만들어서 단다

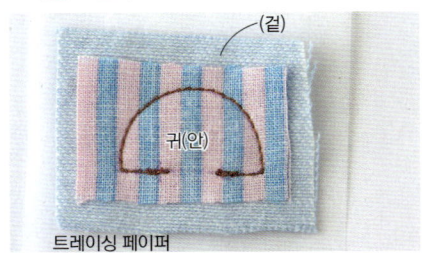

1 어림 재단한 겉감과 안감을 겉끼리 맞대어 겹치고 완성선을 그립니다. 창구멍을 남기고 박은 뒤, 남는 시접을 자르고 겉으로 뒤집습니다. 사진처럼 둘레를 눌러 박습니다. 밑에 트레이싱 페이퍼를 깔면 박기가 편해집니다. 이렇게 귀를 2개 만듭니다.

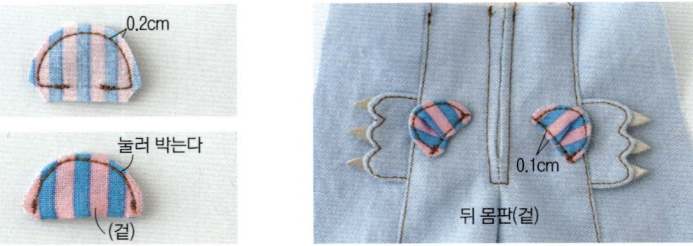

2 뒤 몸판의 귀 다는 자리에 귀를 달아 줍니다.

5. 바지 커프스를 단다

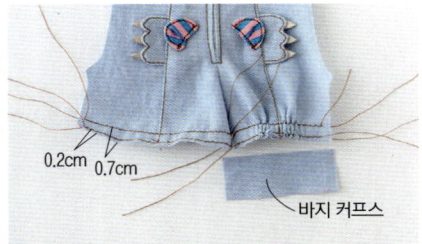

1 바짓단 완성선 위아래에 땀폭을 크게 하여 2줄을 박습니다. 바지 커프스 길이에 맞춰서 잔주름을 잡습니다.

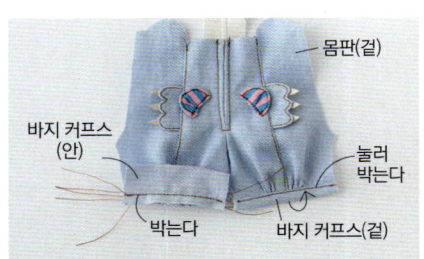

2 바지 커프스와 몸판을 겉끼리 맞대고 박습니다. 커프스를 안쪽으로 접어 넣고 겉에서 눌러 박습니다. 같은 방식으로 바짓단 양쪽에 커프스를 달고 큰 땀으로 박은 실은 빼냅니다.

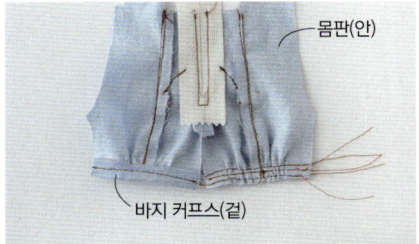

58

6. 앞 중심을 박는다

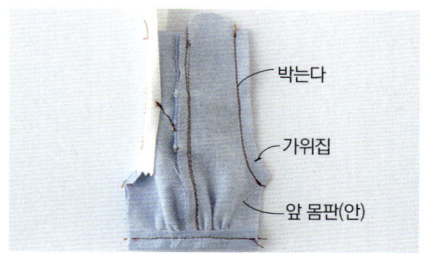

박는다
가위집
앞 몸판(안)

앞 몸판을 겉끼리 맞대어 박고 곡선 부분에 가위집을 넣습니다. 시접은 가릅니다.

0.2cm
가위집
가위집
자른다

2 남는 지퍼는 자릅니다. 앞 몸판 위쪽 끝의 귀 부분 시접을 0.2cm 정도로 자르고 곡선 부분에 가위집을 넣습니다.

7. 밑아래를 박는다

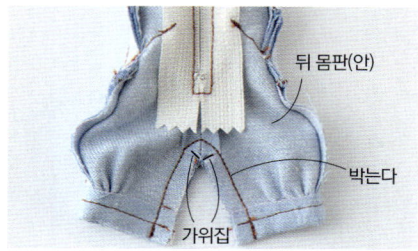

뒤 몸판(안)
박는다
가위집

앞 몸판과 뒤 몸판을 겉끼리 맞대고 밑아래를 박습니다. 사진처럼 가위집을 넣습니다.

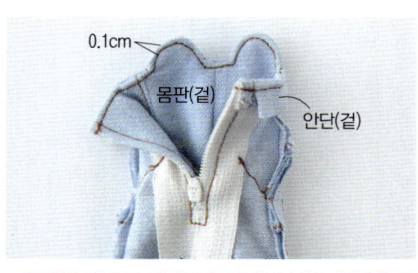

0.1cm
몸판(겉)
안단(겉)

3 안단을 겉으로 뒤집고 눌러 박습니다. 안단을 조금 당겨 주면 겉에서 봤을 때에 솔기가 보이지 않아서 깔끔합니다.

8. 안단을 단다

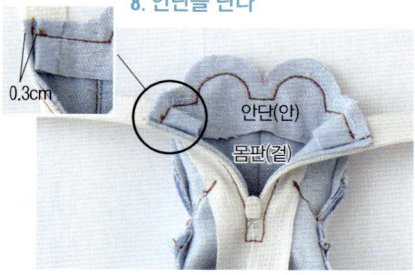

0.3cm
안단(안)
몸판(겉)

1 안단 양 끝을 접고 몸판과 겉끼리 맞대어 위쪽 끝을 박습니다.

9. 어깨끈을 만든다

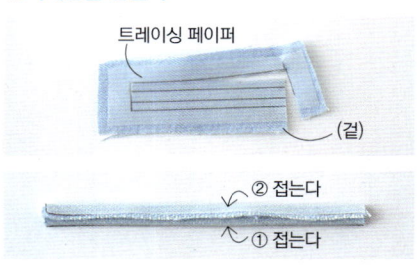

트레이싱 페이퍼
(겉)
② 접는다
① 접는다

1 어림 재단한 어깨끈은 트레이싱 페이퍼 뒤에 재접착 스프레이 접착제를 뿌려서 임시로 고정하고 트레이싱 페이퍼가 붙은 채로 천을 자릅니다. 가위는 종이용을 사용하세요. 트레이싱 페이퍼를 붙인 채로 완성선에서 접습니다.

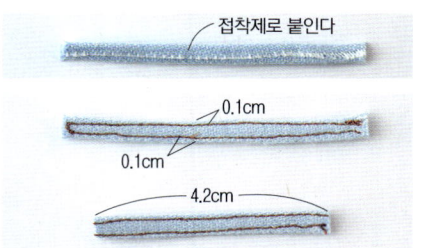

접착제로 붙인다
0.1cm
0.1cm
4.2cm

2 트레이싱 페이퍼를 떼고 접착제를 칠해서 천 가장자리를 고정합니다. 양 끝에서 0.1cm 간격을 두고 눌러 박습니다.

※ 어려울 경우에는 눌러 박지 않아도 OK. 트레이싱 페이퍼를 깔면 박기 쉽습니다. 완성선에서 양 끝을 자릅니다.

10. 어깨끈과 장식을 단다

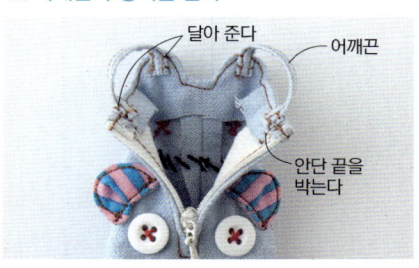

달아 준다
어깨끈
안단 끝을 박는다

안단 양 끝을 지퍼에 박아 줍니다. 어깨끈은 끈 다는 자리에 손바느질로 달아 줍니다. 앞뒤 몸판에 단추(곰 눈)를 자수실 2겹으로 답니다. 뒤 몸판의 입을 수놓고 앞 몸판의 입을 아플리케하여 달아 줍니다.

완성

브라이스를 구입할 수 있는 매장

주니문은 브라이스 관련 상품이 모두 갖춰진 매장으로, 브라이스 팬이라면 한번쯤 방문해 보고싶어 하는 장소입니다. 브라이스 인형과 브라이스 옷, 인형 소품 등 사랑스러운 물품들을 도쿄 신주쿠와 다이칸야마, 오사카 호리에에 있는 주니문 매장 3곳에서 만나볼 수 있습니다. 주니문 샵은 브라이스 인형과 관련된 창의적인 제품을 만들어내는 CWC에서 관리, 운영하고 있습니다. 주니문에서는 CWC 제작 인형, 주니문 자체 커스텀 인형(특별히 신경 쓴 커스텀입니다), Beauty Up 인형(커스텀이 약하게 들어갔어요)을 판매하고 있어요. 뿐만 아니라 주니문 브라이스 의상 세트, 신발, 가발, 모자, 장신구 등 액세서리도 다양해요. 문구 잡화, 가방, 파우치, 옷, 손수건, 수건, 식기류, 핸드폰 액세서리, 과자, 그리고 귀여운 오리지널 굿즈까지 만나볼 수 있으니 놓치지 마세요! 일본에 오면 꼭 들러보세요! • Junie Moon : http://www.juniemoon.jp

도쿄 ┃ 다이칸야마 스토어

주소 도쿄 도 시부야 구 사루가쿠초 4-3 스즈엔 다이칸야마 빌딩 1층
전화 03-3496-0740
영업시간 11:00~19:00 / 월요일 휴무
http://daikanyama.juniemoon-shop.com

도쿄 ┃ 신주쿠 마루이 아넥스 스토어

주소 도쿄 도 신주쿠 구 신주쿠 3-1-26 신주쿠 마루이 아넥스 7층
전화 03-6380-0533
영업시간 11:00~21:00(일요일 및 공휴일은 20:30까지)
　　　　　신주쿠 마루이 아넥스 휴점일엔 휴무
http://shinjuku.juniemoon-shop.com

오사카 ┃ 호리에 스토어

주소 오사카 부 오사카 시 니시 구 미나미호리에 1-14-26 나카자와 가라키 빌딩 1층
전화 06-6556-9665
영업시간 12:00~20:00 / 수요일 휴무
http://osaka.juniemoon-shop.com

인터내셔널 온라인 샵

만약 일본에 있는 3곳의 주니문 매장에 올 기회가 없다면 주니문 쇼핑몰을 이용해 보세요. 한정 판매 상품, 커스텀 상품, 네오·미디 브라이스 인형, 인형옷, 브라이스 패션을 따라한 여성복, 책, 핸드폰 액세서리, 잡화까지 언제든지 원한다면 집에서라도 구매할 수 있습니다.

• http://www.juniemoonshop.com

일본 쇼핑몰
• http://shop.juniemoon.jp

브라이스 공식 사이트
• http://www.blythedoll.com

Junie Moon is the ultimate store for Blythe fans all over the world. Customers can find rare exclusive Blythe dolls and goods and a variety of other adorable goods for sale at the three Junie Moon shops in Shinjuku, Daikanyama in Tokyo and Horie in Osaka. The Junie Moon shops are owned and run by Cross World Connections who do all the creative production for Blythe.

Junie Moon carries CWC-produced dolls; Junie Moon Original custom dolls (heavily customized dolls) and Beauty Up dolls (simply customized dolls) for sale along with dress sets, shoes, wigs, hats, and other essential accessories.

We also have stationary goods, bags and pouches, apparel, handkerchiefs and towels, table ware, smart phone accessories, snacks, and cute original goods!

We hope to see you in Japan, soon!

HOW TO MAKE

인형옷 만들기

P.43의 옷본 사용법을 참조하여 만드는 법 페이지 안에 있는 실물 크기 옷본을 옮겨 그려서 사용하세요. 이 책의 옷본에는 시접이 포함되어 있으므로 시접을 새로 그릴 필요가 없습니다. 생략 기호가 들어 있는 옷본은 치수를 재서 옷본을 만드세요. 확대 지시가 있는 옷본은 표기된 크기에 맞춰 실물 크기 옷본을 만듭니다.

• 재료에서 원단 필요량은 너비×길이 순으로 표기했습니다.
• 무늬에 방향이 있는 프린트 원단을 사용할 때에는 원단 필요량이 달라질 수도 있으니 주의하세요.
• **P.40** 기초 노트를 참조하여 옷 만들기를 즐겨 보세요.

네오 브라이스

컬러풀 마법 소녀

←—→
Photo P.8
실물 크기 옷본 P.64

[재료]

1 토끼 귀 머리띠
푸들 퍼(분홍) 24cm×15cm, 푸들 퍼(연한 파랑) 7cm×9cm, 하트 모티브 3.5cm×3cm 1개, 2cm 너비 브로치 핀 1개, 지름 7.5cm 플라스틱 면봉 케이스(바탕), 하드 타입 웨이브 테이프 18cm(단단한 느낌의 천이나 종이로 대체 가능)

2 캐미솔 원피스
면(깅엄체크) 12cm×12cm, 면(줄무늬) 31cm×31cm, 튈(별무늬) 48cm×8cm, 0.4cm 너비 새틴 리본(민트그린) 15cm, 0.6cm 너비 새틴 리본(분홍) 59cm, 2cm 너비 프릴 리본(분홍) 5cm, 지름 0.3cm 펄 비즈(꽃분홍) 3개, 리본 모티브 2.5cm×2cm 1개, 하트 부속 1개, 똑딱단추 소 1쌍

3 타이츠
얇은 평직 니트(민트그린) 22cm×22cm, 0.3cm 너비 납작 고무줄 7cm

1 토끼 귀 머리띠

귀를 만들어서 퍼를 감은 바탕에 달아 준다.
하트 모티브를 단다.

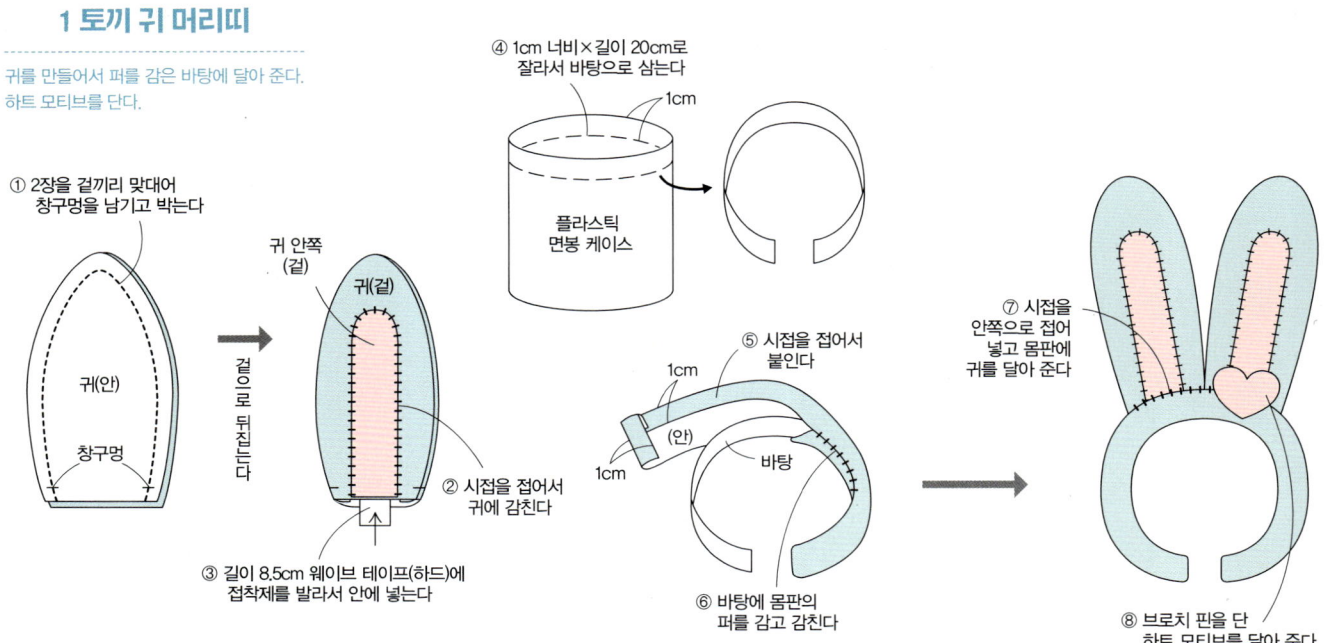

① 2장을 겉끼리 맞대어 창구멍을 남기고 박는다

귀(안)
창구멍

겉으로 뒤집는다

귀 안쪽(겉)
귀(겉)

② 시접을 접어서 귀에 감친다

③ 길이 8.5cm 웨이브 테이프(하드)에 접착제를 발라서 안에 넣는다

④ 1cm 너비×길이 20cm로 잘라서 바탕으로 삼는다
1cm

플라스틱 면봉 케이스

⑤ 시접을 접어서 붙인다
1cm
(안)
1cm
바탕

⑥ 바탕에 몸판의 퍼를 감고 감친다

⑦ 시접을 안쪽으로 접어 넣고 몸판에 귀를 달아 준다

⑧ 브로치 핀을 단 하트 모티브를 달아 준다

3 타이츠

허리를 접어서 박고 앞판 밑위를 이은 뒤에 허리에 납작 고무줄을 당겨서 박아 준다.
뒤판 밑위를 이은 뒤에 밑아래를 박고 겉으로 뒤집는다.

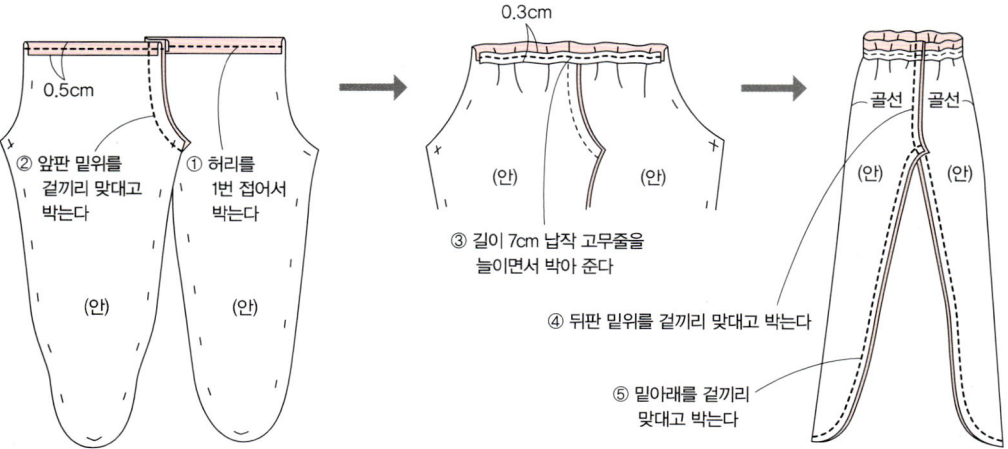

0.5cm

② 앞판 밑위를 겉끼리 맞대고 박는다

① 허리를 1번 접어서 박는다

(안) (안)

0.3cm

③ 길이 7cm 납작 고무줄을 늘이면서 박아 준다

(안) (안)

④ 뒤판 밑위를 겉끼리 맞대고 박는다

골선 골선

(안) (안)

⑤ 밑아래를 겉끼리 맞대고 박는다

2 캐미솔 원피스

몸판을 만들고 허리에 주름을 잡은 바깥쪽 · 안쪽 치마와 잇는다. 뒤판 끝선을 트임 끝점까지 박고 똑딱단추를 단다.
몸판에 장식을 달아 준다.
※ 천 가장자리에 올풀림 방지액을 발라 둔다.

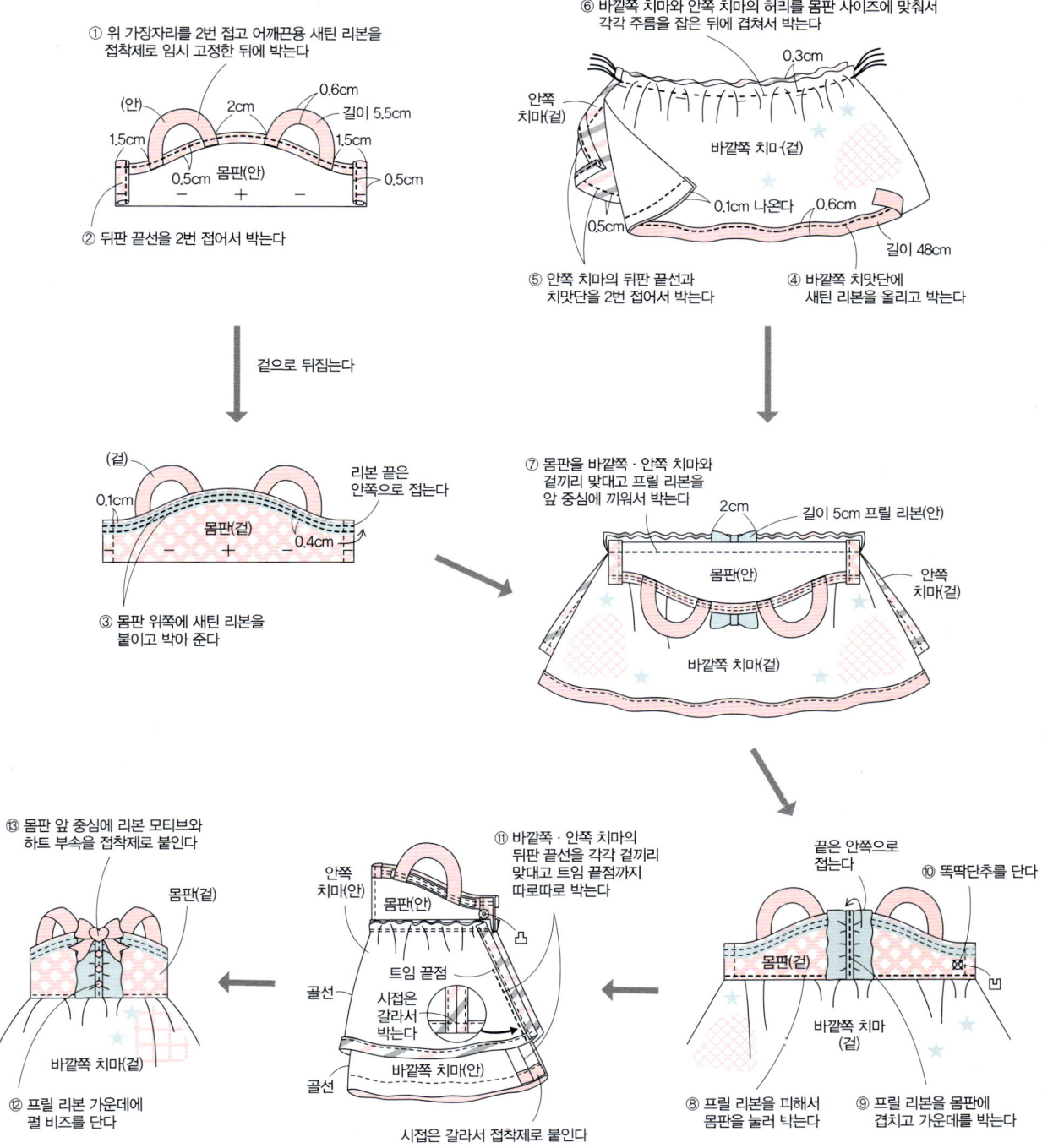

① 위 가장자리를 2번 접고 어깨끈용 새틴 리본을
접착제로 임시 고정한 뒤에 박는다

(안)
2cm
0.6cm
길이 5.5cm
1.5cm
1.5cm
0.5cm 몸판(안)
0.5cm

② 뒤판 끝선을 2번 접어서 박는다

겉으로 뒤집는다

(겉)
0.1cm
몸판(겉)
0.4cm
리본 끝은
안쪽으로 접는다

③ 몸판 위쪽에 새틴 리본을
붙이고 박아 준다

⑥ 바깥쪽 치마와 안쪽 치마의 허리를 몸판 사이즈에 맞춰서
각각 주름을 잡은 뒤에 겹쳐서 박는다

0.3cm
안쪽
치마(겉)
바깥쪽 치마 (겉)
0.1cm 나온다
0.6cm
0.5cm
길이 48cm

⑤ 안쪽 치마의 뒤판 끝선과
치맛단을 2번 접어서 박는다

④ 바깥쪽 치맛단에
새틴 리본을 올리고 박는다

⑦ 몸판을 바깥쪽 · 안쪽 치마와
겉끼리 맞대고 프릴 리본을
앞 중심에 끼워서 박는다

2cm
길이 5cm 프릴 리본(안)
몸판(안)
안쪽
치마(겉)
바깥쪽 치마(겉)

⑬ 몸판 앞 중심에 리본 모티브와
하트 부속을 접착제로 붙인다

몸판(겉)
안쪽
치마(안)
몸판(안)
골선
바깥쪽 치마(겉)
골선

⑫ 프릴 리본 가운데에
펄 비즈를 단다

⑪ 바깥쪽 · 안쪽 치마의
뒤판 끝선을 각각 겉끼리
맞대고 트임 끝점까지
따로따로 박는다

트임 끝점
시접은
갈라서
박는다

바깥쪽 치마(안)

시접은 갈라서 접착제로 붙인다

끝은 안쪽으로
접는다
⑩ 똑딱단추를 단다

몸판(겉)
바깥쪽 치마
(겉)

⑧ 프릴 리본을 피해서
몸판을 눌러 박는다

⑨ 프릴 리본을 몸판에
겹치고 가운데를 박는다

실물 크기 옷본

2 캐미솔 원피스
몸판
면(깅엄체크) 1장

앞 중심 골선

비즈
다는 자리

똑딱단추 다는 자리

2 캐미솔 원피스
안쪽 치마
면(줄무늬) 1장

앞 중심 골선

잔주름

트임 끝점

7.5cm

17.75cm

2 캐미솔 원피스
바깥쪽 치마
튈(별무늬) 1장

골선

잔주름

트임 끝점

8cm

24cm

3 타이츠
얇은 평직 니트
(민트그린) 2장

골선

1 토끼 귀 머리띠
몸판
푸들 퍼(분홍) 1장

털 방향

골선

1 토끼 귀 머리띠
귀
푸들 퍼(분홍) 4장

털 방향

1 토끼 귀 머리띠
귀 안쪽
푸들 퍼(연한 파랑) 2장

털 방향

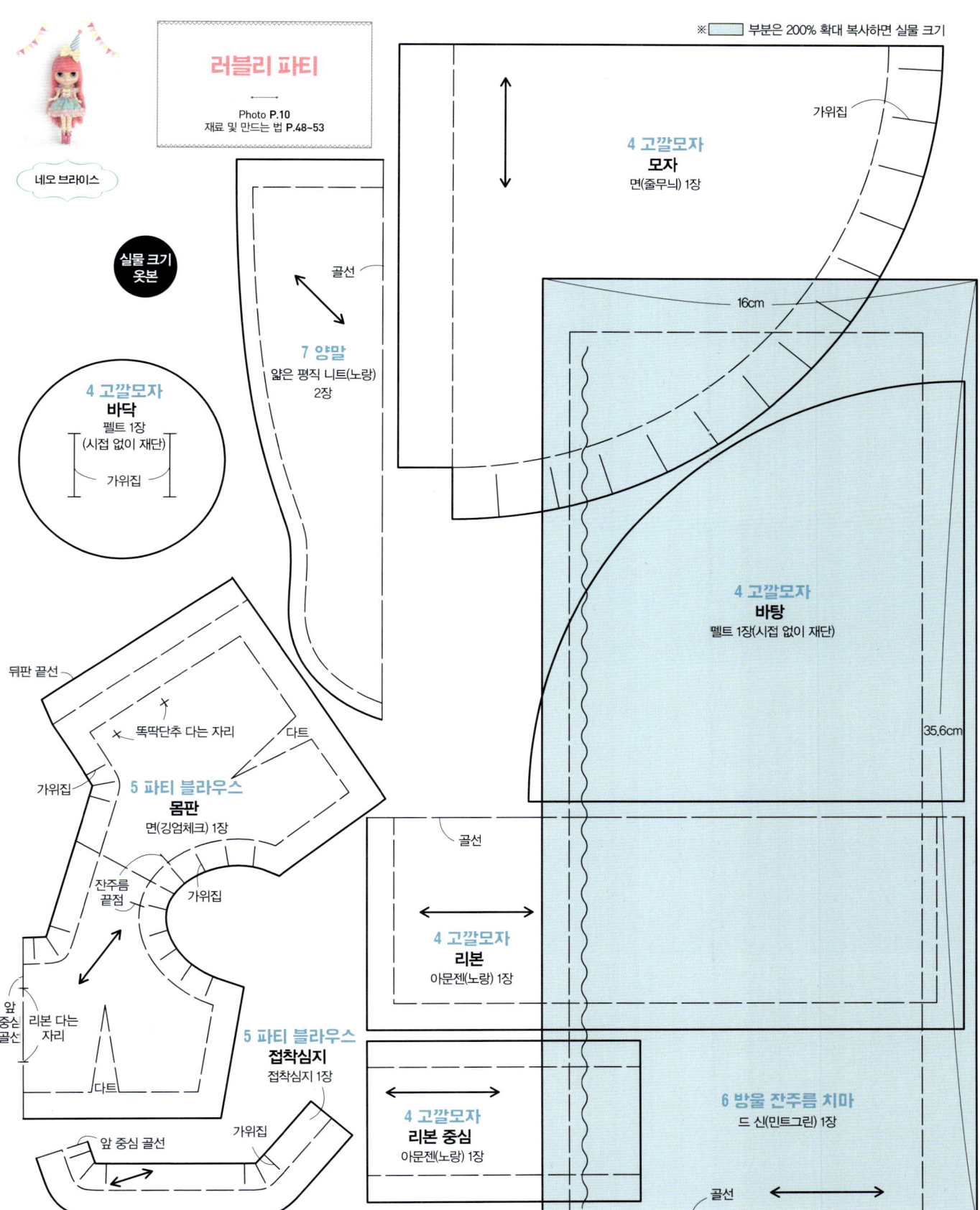

러블리 파티

Photo P.10
재료 및 만드는 법 P.48~53

네오 브라이스

실물 크기
옷본

4 고깔모자
바닥
펠트 1장
(시접 없이 재단)

가위집

7 양말
얇은 평직 니트(노랑)
2장

골선

4 고깔모자
모자
면(줄무늬) 1장

가위집

16cm

4 고깔모자
바탕
펠트 1장(시접 없이 재단)

35.6cm

뒤판 끝선

똑딱단추 다는 자리

다트

가위집

5 파티 블라우스
몸판
면(깅엄체크) 1장

잔주름
끝점

가위집

골선

4 고깔모자
리본
아문젠(노랑) 1장

앞
중심
골선

리본 다는
자리

다트

5 파티 블라우스
접착심지
접착심지 1장

앞 중심 골선

가위집

4 고깔모자
리본 중심
아문젠(노랑) 1장

6 방울 잔주름 치마
드 신(민트그린) 1장

골선

이상한 나라의 토끼

◄━━━━━►
Photo P.12
실물 크기 옷본 P.68~70

[재료]

8 토끼 귀 볼레로
겉감: 페이크 퍼(아이보리) 55cm×25cm, 안감: 얇은 니트 원단(물방울무늬) 40cm×25cm, 귀 안감: 새틴(분홍) 15cm×20cm, 리본: 면(줄무늬) 16cm×12cm, 1cm 너비 피콧 새틴 리본(아이보리) 20cm 2줄, 리본에 달 장식 조금, 구름솜 조금

9 블루머 원피스
앞 옆판, 뒤 몸판, 바지: 면(물방울무늬) 30cm×15cm, 바지 커프스: 면(깅엄체크), (물방울무늬) 11cm×3cm씩, 옷깃: 면(물방울무늬) 10cm×3cm, 앞 가운데판: 면(물방울무늬) 4.5cm×6.5cm, 0.8cm 너비 토션 레이스(아이보리) 7cm 2줄(앞 몸판용), 1.2cm 너비 스판 프릴 레이스(아이보리) 12cm, 0.8cm 너비 토션 레이스(흰색) 6cm(뒤판 끝선용), 0.15cm 너비 새틴 리본(연한 보라) 50cm, 지름 0.4cm 단추(노랑) 8개

10 타이츠
얇은 니트 원단(가로줄무늬) 16.5cm×17cm, 0.3cm 너비 납작 고무줄 7cm

---

9 블루머 원피스

앞 가운데판과 앞 옆판에 토션 레이스를 끼워서 박고, 뒤 몸판과 맞대어 어깨선을 박는다. 진동둘레를 접어서 스판 프릴 레이스를 대고 박는다. 옷깃을 달고 옆선을 박는다. 바지단에 잔주름을 잡고 바지 커프스를 단 뒤에 앞판 밑위를 박는다. 허리에 잔주름을 잡아서 몸판과 잇는다.
뒤판 밑위를 트임 끝점까지 박고, 오른쪽 끝에는 토션 레이스를 달면서 뒤판 끝선을 접어서 박는다.
밑아래를 박고, 뒤에는 단추를 달고 앞판 토션 레이스에 새틴 리본을 끼운다.
※ 천 가장자리에 올풀림 방지액을 발라 둔다.

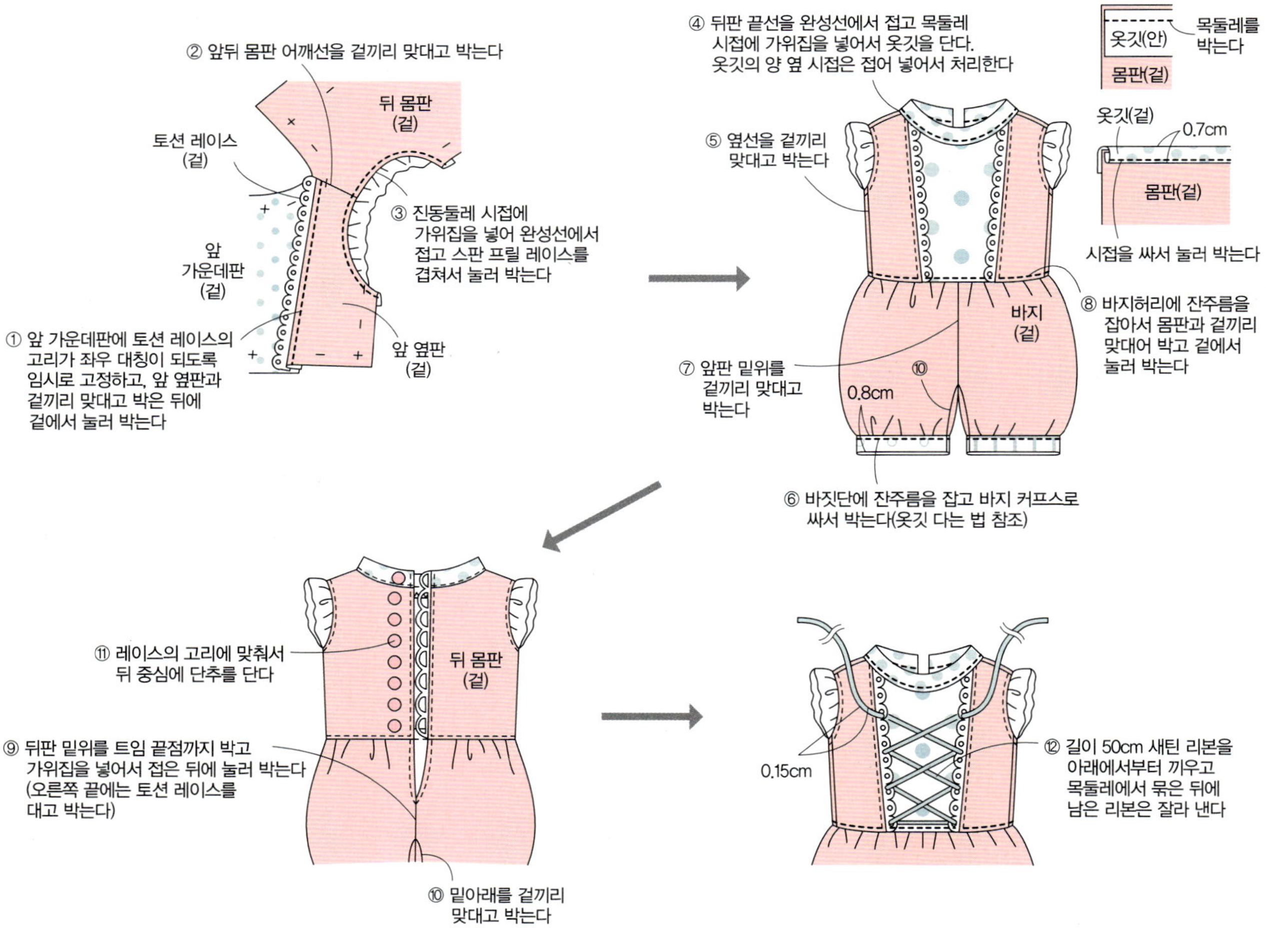

---

② 앞뒤 몸판 어깨선을 겉끼리 맞대고 박는다

뒤 몸판
(겉)

토션 레이스
(겉)

③ 진동둘레 시접에 가위집을 넣어 완성선에서 접고 스판 프릴 레이스를 겹쳐서 눌러 박는다

앞 가운데판
(겉)

앞 옆판
(겉)

① 앞 가운데판에 토션 레이스의 고리가 좌우 대칭이 되도록 임시로 고정하고, 앞 옆판과 겉끼리 맞대고 박은 뒤에 겉에서 눌러 박는다

④ 뒤판 끝선을 완성선에서 접고 목둘레 시접에 가위집을 넣어서 옷깃을 단다. 옷깃의 양 옆 시접은 접어 넣어서 처리한다

옷깃(안)
몸판(겉)
목둘레를 박는다

옷깃(겉)
0.7cm
몸판(겉)
시접을 싸서 눌러 박는다

⑤ 옆선을 겉끼리 맞대고 박는다

바지
(겉)

⑧ 바지허리에 잔주름을 잡아서 몸판과 겉끼리 맞대어 박고 겉에서 눌러 박는다

⑦ 앞판 밑위를 겉끼리 맞대고 박는다

0.8cm

⑩

⑥ 바짓단에 잔주름을 잡고 바지 커프스로 싸서 박는다(옷깃 다는 법 참조)

⑪ 레이스의 고리에 맞춰서 뒤 중심에 단추를 단다

뒤 몸판
(겉)

⑨ 뒤판 밑위를 트임 끝점까지 박고 가위집을 넣어서 접은 뒤에 눌러 박는다 (오른쪽 끝에는 토션 레이스를 대고 박는다)

⑩ 밑아래를 겉끼리 맞대고 박는다

0.15cm

⑫ 길이 50cm 새틴 리본을 아래에서부터 끼우고 목둘레에서 묶은 뒤에 남은 리본은 잘라 낸다

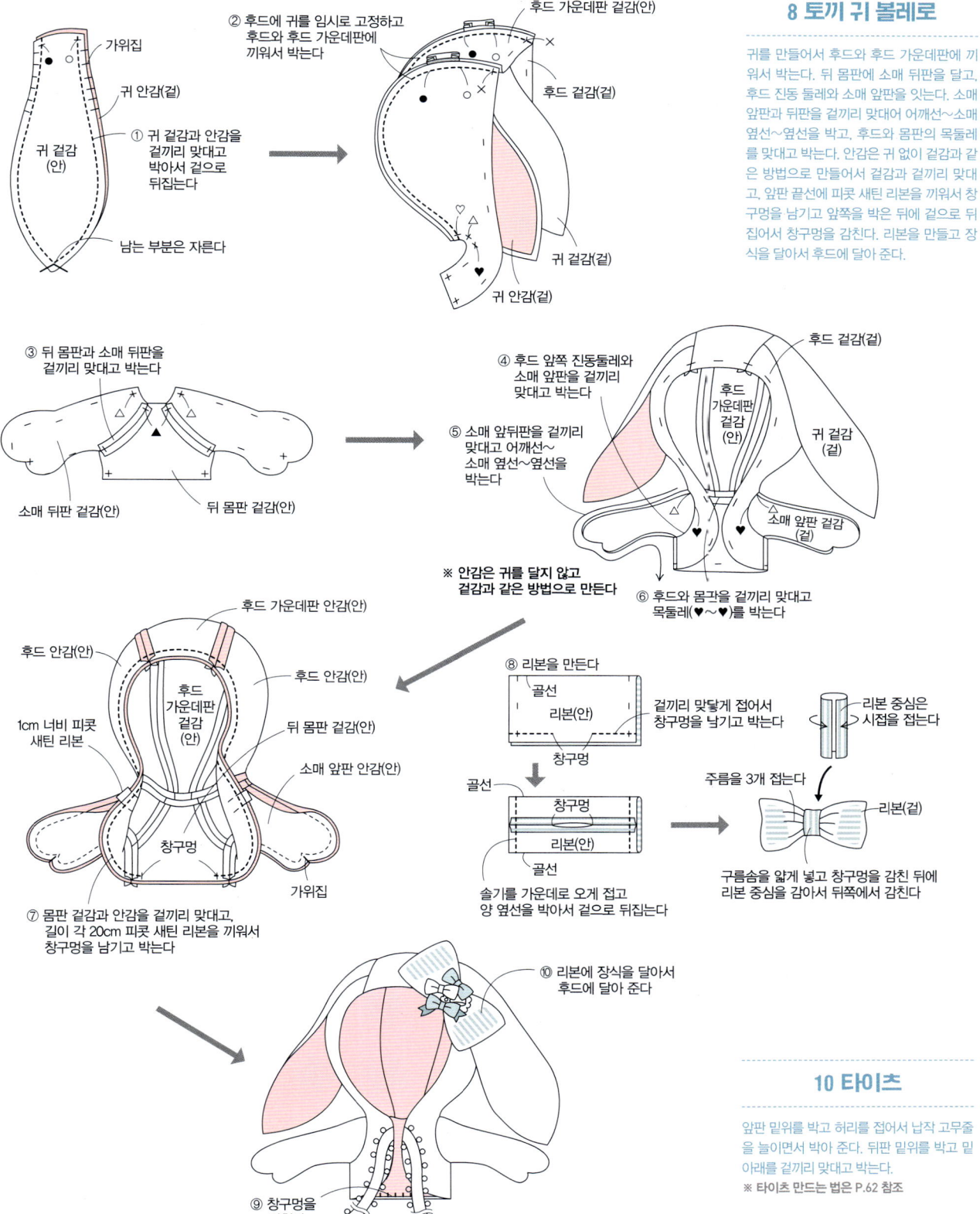

① 귀 겉감과 안감을
   겉끼리 맞대고
   박아서 겉으로
   뒤집는다

가위집

귀 안감(겉)

귀 겉감
(안)

남는 부분은 자른다

② 후드에 귀를 임시로 고정하고
   후드와 후드 가운데판에
   끼워서 박는다

후드 가운데판 겉감(안)

후드 겉감(겉)

귀 겉감(겉)

귀 안감(겉)

③ 뒤 몸판과 소매 뒤판을
   겉끼리 맞대고 박는다

소매 뒤판 겉감(안)

뒤 몸판 겉감(안)

④ 후드 앞쪽 진동둘레와
   소매 앞판을 겉끼리
   맞대고 박는다

⑤ 소매 앞뒤판을 겉끼리
   맞대고 어깨선~
   소매 옆선~옆선을
   박는다

후드 겉감(겉)

후드 가운데판 겉감(안)

귀 겉감(겉)

소매 앞판 겉감(겉)

※ 안감은 귀를 달지 않고
   겉감과 같은 방법으로 만든다

⑥ 후드와 몸감을 겉끼리 맞대고
   목둘레(♥~♥)를 박는다

후드 가운데판 안감(안)

후드 안감(안)

후드 안감(안)

후드 가운데판
겉감(안)

1cm 너비 피콧
새틴 리본

뒤 몸판 겉감(안)

소매 앞판 안감(안)

창구멍

가위집

⑦ 몸판 겉감과 안감을 겉끼리 맞대고,
   길이 각 20cm 피콧 새틴 리본을 끼워서
   창구멍을 남기고 박는다

⑧ 리본을 만든다

골선

리본(안)

창구멍

겉끼리 맞닿게 접어서
창구멍을 남기고 박는다

골선

창구멍

리본(안)

골선

솔기를 가운데로 오게 접고
양 옆선을 박아서 겉으로 뒤집는다

리본 중심은
시접을 접는다

주름을 3개 접는다

리본(겉)

구름솜을 얇게 넣고 창구멍을 감친 뒤에
리본 중심을 감아서 뒤쪽에서 감친다

⑩ 리본에 장식을 달아서
   후드에 달아 준다

⑨ 창구멍을
   감친다

8 토끼 귀 볼레로

귀를 만들어서 후드와 후드 가운데판에 끼워서 박는다. 뒤 몸판에 소매 뒤판을 달고, 후드 진동 둘레와 소매 앞판을 잇는다. 소매 앞판과 뒤판을 겉끼리 맞대어 어깨선~소매 옆선~옆선을 박고, 후드와 몸판의 목둘레를 맞대고 박는다. 안감은 귀 없이 겉감과 같은 방법으로 만들어서 겉감과 겉끼리 맞대고, 앞판 끝선에 피콧 새틴 리본을 끼워서 창구멍을 남기고 앞쪽을 박은 뒤에 겉으로 뒤집어서 창구멍을 감친다. 리본을 만들고 장식을 달아서 후드에 달아 준다.

10 타이츠

앞판 밑위를 박고 허리를 접어서 납작 고무줄을 늘이면서 박아 준다. 뒤판 밑위를 박고 밑 아래를 겉끼리 맞대고 박는다.
※ 타이츠 만드는 법은 P.62 참조

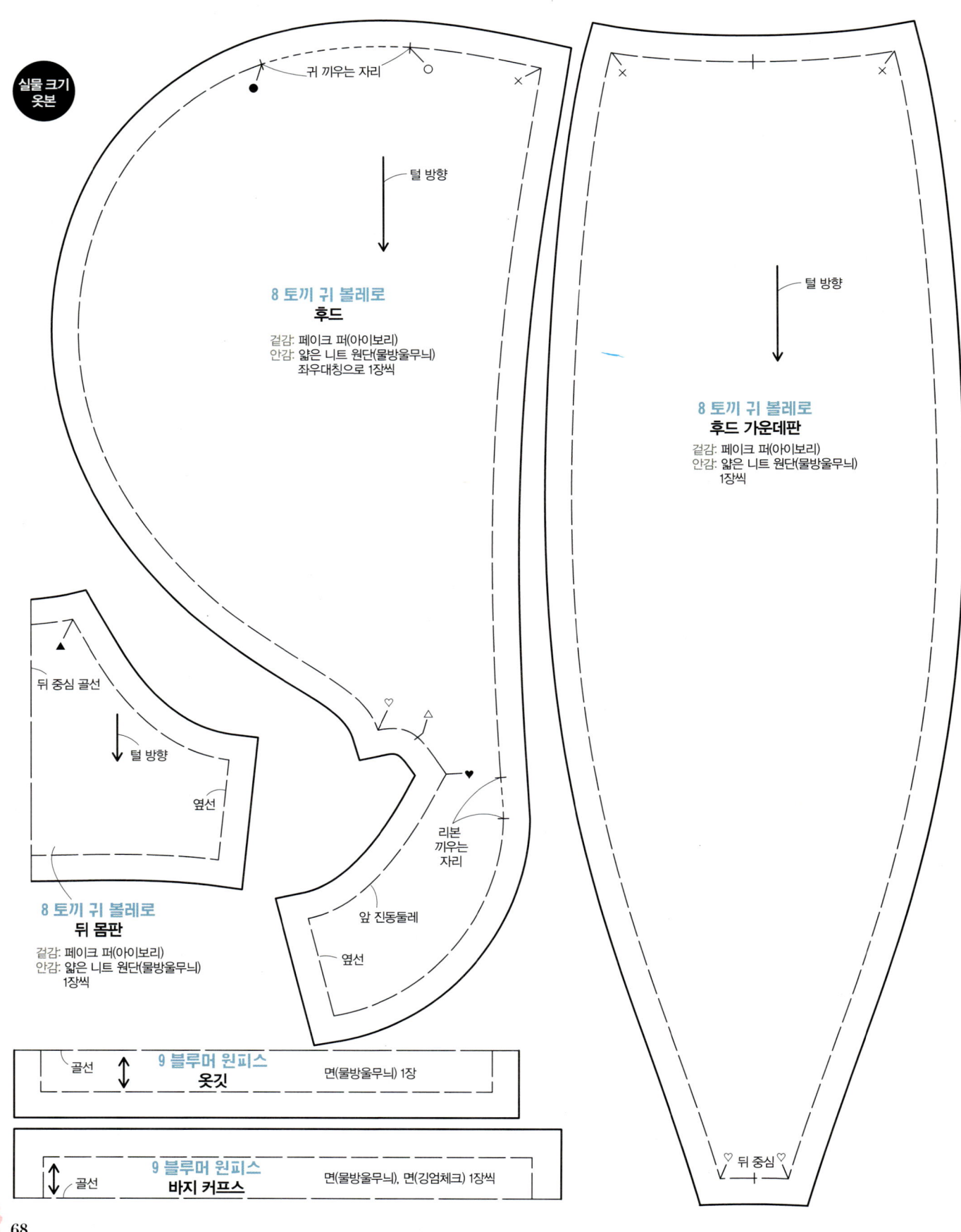

귀 끼우는 자리

털 방향

8 토끼 귀 볼레로
후드

겉감: 페이크 퍼(아이보리)
안감: 얇은 니트 원단(물방울무늬)
좌우대칭으로 1장씩

털 방향

8 토끼 귀 볼레로
후드 가운데판

겉감: 페이크 퍼(아이보리)
안감: 얇은 니트 원단(물방울무늬)
1장씩

뒤 중심 골선

털 방향

옆선

리본
끼우는
자리

앞 진동둘레

옆선

8 토끼 귀 볼레로
뒤 몸판

겉감: 페이크 퍼(아이보리)
안감: 얇은 니트 원단(물방울무늬)
1장씩

뒤 중심

골선 **9 블루머 원피스**
옷깃   면(물방울무늬) 1장

골선 **9 블루머 원피스**
바지 커프스   면(물방울무늬), 면(깅엄체크) 1장씩

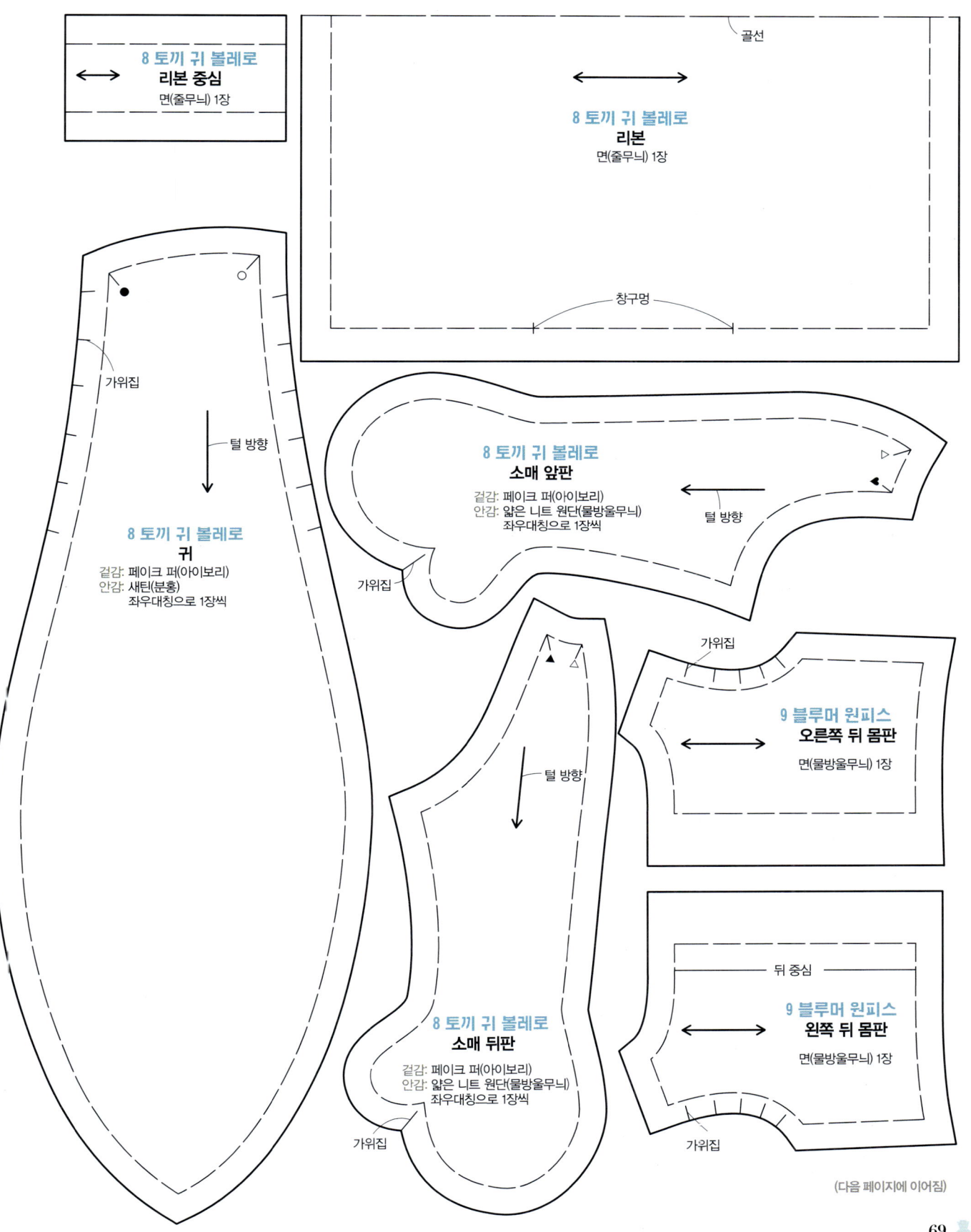

8 토끼 귀 볼레로
리본 중심
면(줄무늬) 1장

골선

8 토끼 귀 볼레로
리본
면(줄무늬) 1장

창구멍

가위집

털 방향

8 토끼 귀 볼레로
귀
겉감: 페이크 퍼(아이보리)
안감: 새틴(분홍)
좌우대칭으로 1장씩

8 토끼 귀 볼레로
소매 앞판
겉감: 페이크 퍼(아이보리)
안감: 얇은 니트 원단(물방울무늬)
좌우대칭으로 1장씩

털 방향

가위집

가위집

9 블루머 원피스
오른쪽 뒤 몸판
면(물방울무늬) 1장

털 방향

뒤 중심

8 토끼 귀 볼레로
소매 뒤판
겉감: 페이크 퍼(아이보리)
안감: 얇은 니트 원단(물방울무늬)
좌우대칭으로 1장씩

9 블루머 원피스
왼쪽 뒤 몸판
면(물방울무늬) 1장

가위집

가위집

(다음 페이지에 이어짐)

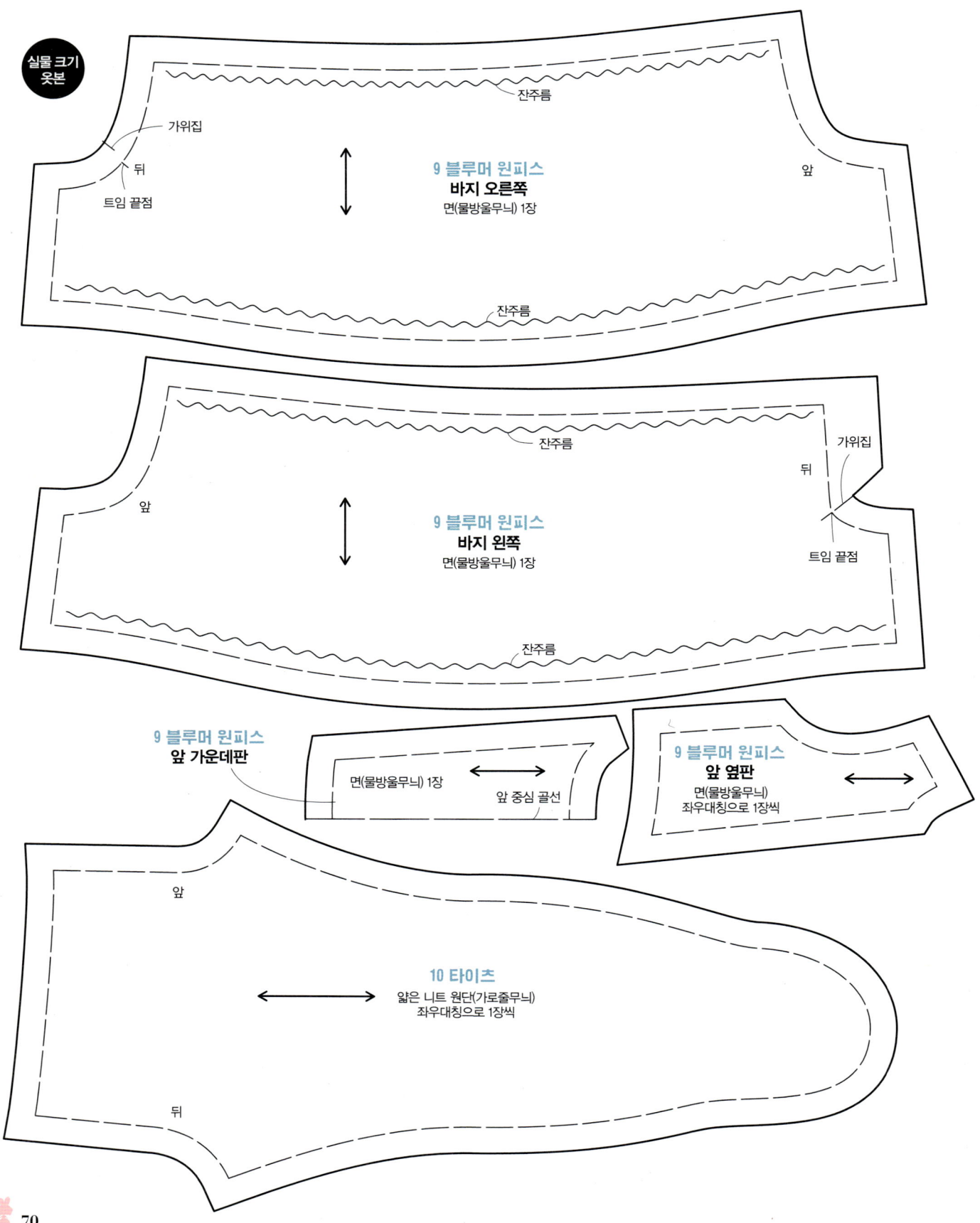

실물 크기
옷본

가위집

뒤

트임 끝점

잔주름

9 블루머 원피스
바지 오른쪽
면(물방울무늬) 1장

앞

잔주름

잔주름

앞

9 블루머 원피스
바지 왼쪽
면(물방울무늬) 1장

가위집

뒤

트임 끝점

잔주름

9 블루머 원피스
앞 가운데판

면(물방울무늬) 1장

앞 중심 골선

9 블루머 원피스
앞 옆판
면(물방울무늬)
좌우대칭으로 1장씩

앞

10 타이츠
얇은 니트 원단(가로줄무늬)
좌우대칭으로 1장씩

뒤

푸치 브라이스

매니시 룩

Photo P.14
실물 크기 옷본 P.73~74

[재료]

11 셔츠블라우스
브로드클로스(흰색) 12cm×12cm, 0.35cm 너비 새틴 리본(흰색) 9cm, 0.2cm 너비 새틴 리본(검정) 10cm, 지름 0.3cm 펄 비즈 3개, 똑딱단추 소 1쌍

12 호박 바지
브로드클로스(검정) 11cm×10cm, 지름 0.4cm 핫픽스 4개, 똑딱단추 소 1쌍

13 크로스백
펠트(검정) 4cm×2cm, 1.2cm 너비 레이스 캡 1개, 체인 7cm, O링 소 2개

14 모자
브로드클로스(검정) 10cm×7cm, 펠트(검정) 2cm×17cm, 0.35cm 너비 새틴 리본(검정) 6cm, 아일릿 소 1개, O링 소 2개, 십자가 액세서리 부속 소 1개, 똑딱핀 소 1개

15 양말
얇은 니트 원단(가로줄무늬) 6cm×5cm

11 셔츠블라우스

앞 중심에 새틴 리본을 달고 몸판 어깨선을 이은 뒤에 소맷부리에 새틴 리본을 단 소매를 몸판에 단다. 옷깃을 달고 소매 옆선, 옆선을 박는다. 밑단과 뒤판 끝선을 접어서 박고 똑딱단추를 단다. 리본 묶은 것과 펄 비즈를 셔츠 앞쪽에 단다.
※ 천 가장자리에 올풀림 방지액을 발라 둔다.

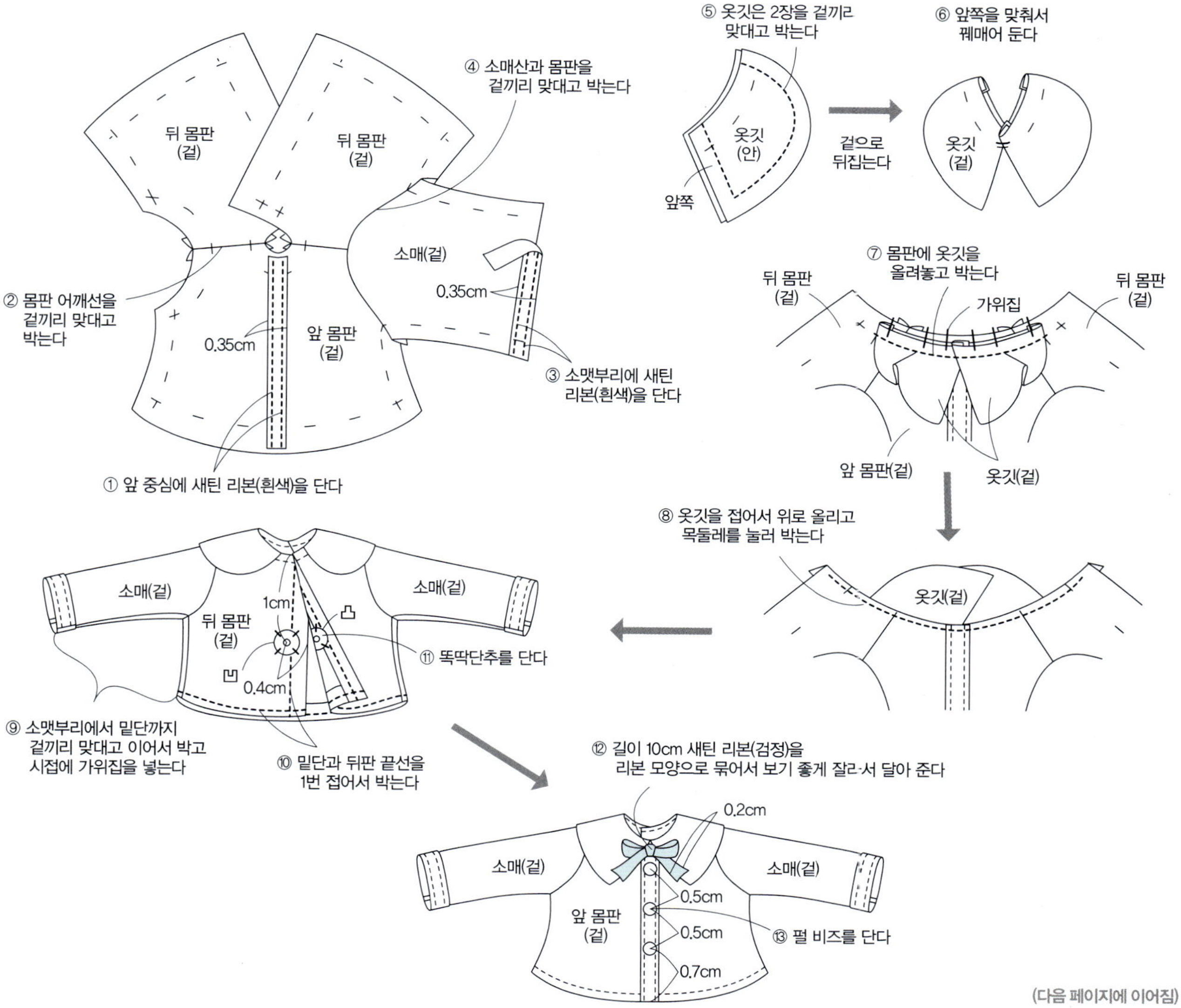

④ 소매산과 몸판을 겉끼리 맞대고 박는다

뒤 몸판 (겉)

뒤 몸판 (겉)

② 몸판 어깨선을 겉끼리 맞대고 박는다

소매(겉)

0.35cm

0.35cm

앞 몸판 (겉)

③ 소맷부리에 새틴 리본(흰색)을 단다

① 앞 중심에 새틴 리본(흰색)을 단다

⑤ 옷깃은 2장을 겉끼리 맞대고 박는다

옷깃 (안)

앞쪽

겉으로 뒤집는다

⑥ 앞쪽을 맞춰서 꿰매어 둔다

옷깃 (겉)

⑦ 몸판에 옷깃을 올려놓고 박는다

뒤 몸판 (겉)

가위집

뒤 몸판 (겉)

앞 몸판(겉)

옷깃(겉)

⑧ 옷깃을 접어서 위로 올리고 목둘레를 눌러 박는다

옷깃(겉)

소매(겉)

1cm

뒤 몸판 (겉)

凸

凹

0.4cm

소매(겉)

⑪ 똑딱단추를 단다

⑨ 소맷부리에서 밑단까지 겉끼리 맞대고 이어서 박고 시접에 가위집을 넣는다

⑩ 밑단과 뒤판 끝선을 1번 접어서 박는다

⑫ 길이 10cm 새틴 리본(검정)을 리본 모양으로 묶어서 보기 좋게 잘라·서 달아 준다

0.2cm

소매(겉)

소매(겉)

앞 몸판 (겉)

0.5cm

0.5cm

⑬ 펄 비즈를 단다

0.7cm

(다음 페이지에 이어짐)

12 호박 바지

플랩 시접을 접어서 박고 겉쪽으로 넘긴 뒤에 주머니 밑판을 대고 꿰매어 고정한다. 앞판 밑위와 옆선을 박는다.
허리와 바짓단에 잔주름을 잡아서 허릿단과 바지 커프스를 달고, 플랩과 바지 커프스에 핫픽스를 달아 준다.
뒤판 밑위를 트임 끝점까지 박고 밑아래를 이은 뒤에 트임을 접어서 박고 똑딱단추를 달아 준다.

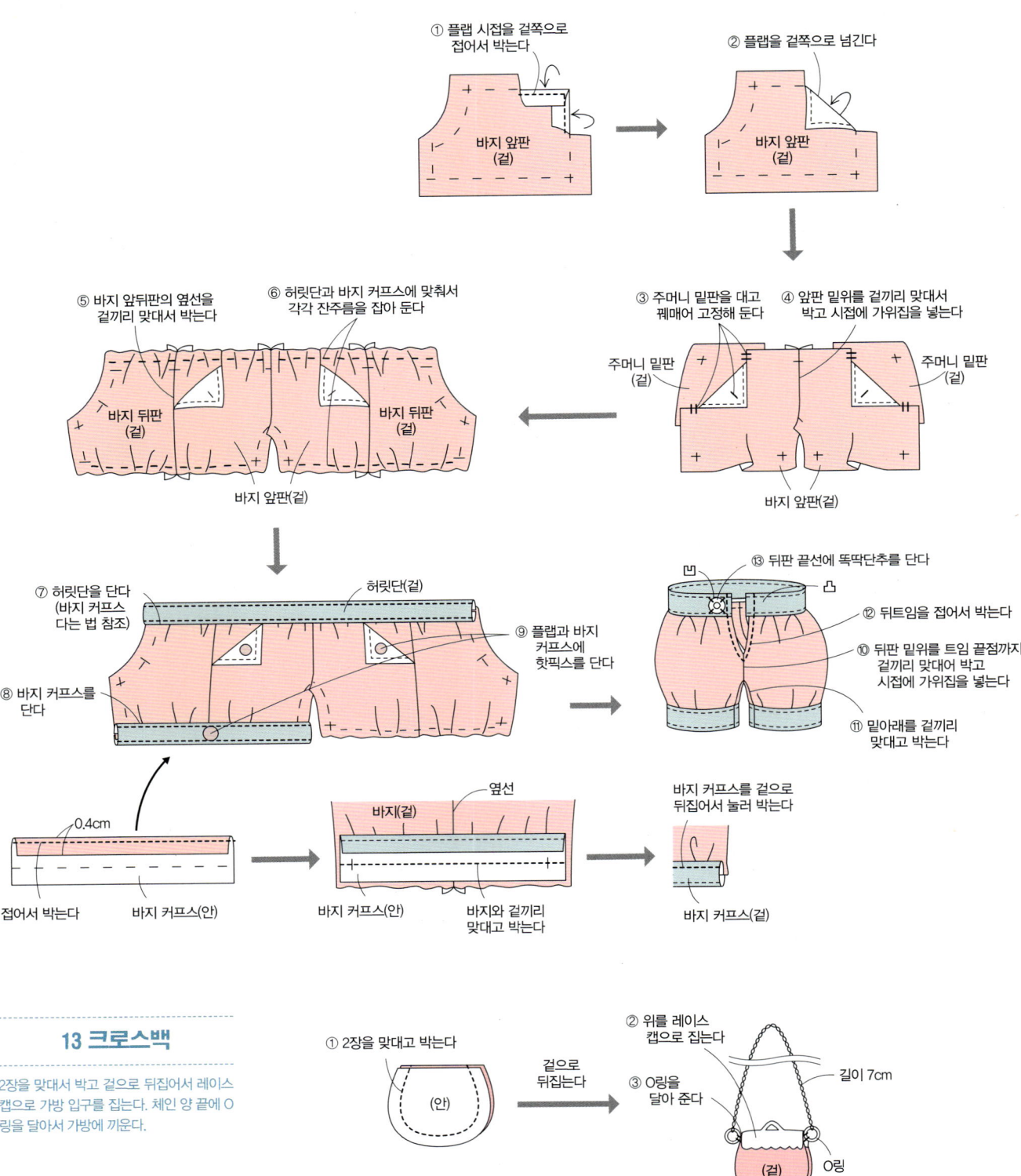

① 플랩 시접을 겉쪽으로
접어서 박는다

바지 앞판
(겉)

② 플랩을 겉쪽으로 넘긴다

바지 앞판
(겉)

③ 주머니 밑판을 대고
꿰매어 고정해 둔다

④ 앞판 밑위를 겉끼리 맞대서
박고 시접에 가위집을 넣는다

주머니 밑판
(겉)

주머니 밑판
(겉)

바지 앞판(겉)

⑤ 바지 앞뒤판의 옆선을
겉끼리 맞대서 박는다

⑥ 허릿단과 바지 커프스에 맞춰서
각각 잔주름을 잡아 둔다

바지 뒤판
(겉)

바지 뒤판
(겉)

바지 앞판(겉)

⑦ 허릿단을 단다
(바지 커프스
다는 법 참조)

허릿단(겉)

⑧ 바지 커프스를
단다

⑨ 플랩과 바지
커프스에
핫픽스를 단다

⑬ 뒤판 끝선에 똑딱단추를 단다

⑫ 뒤트임을 접어서 박는다

⑩ 뒤판 밑위를 트임 끝점까지
겉끼리 맞대어 박고
시접에 가위집을 넣는다

⑪ 밑아래를 겉끼리
맞대고 박는다

0.4cm

접어서 박는다   바지 커프스(안)

옆선

바지(겉)

바지 커프스(안)

바지와 겉끼리
맞대고 박는다

바지 커프스를 겉으로
뒤집어서 눌러 박는다

바지 커프스(겉)

13 크로스백

2장을 맞대서 박고 겉으로 뒤집어서 레이스
캡으로 가방 입구를 집는다. 체인 양 끝에 O
링을 달아서 가방에 끼운다.

① 2장을 맞대고 박는다

(안)

겉으로
뒤집는다

② 위를 레이스
캡으로 집는다

③ O링을
달아 준다

길이 7cm

(겉)

O링

14 모자

펠트 크라운(모자에서 머리를 감싸는 부분) 심지를 감아서 톱크라운을 붙이고 사이드크라운을 감아서 붙인다.
모자챙 2장을 합쳐서 박고 가위집을 넣어 겉으로 뒤집는다. 가장자리를 눌러 박고 아일릿을 박는다.
모자챙에 사이드크라운을 올려놓고 감친 뒤에 똑딱핀을 단 모자챙 바닥 천을 챙 안쪽에 감치고,
아일릿에 O링과 십자가 장식을 달아 준다.

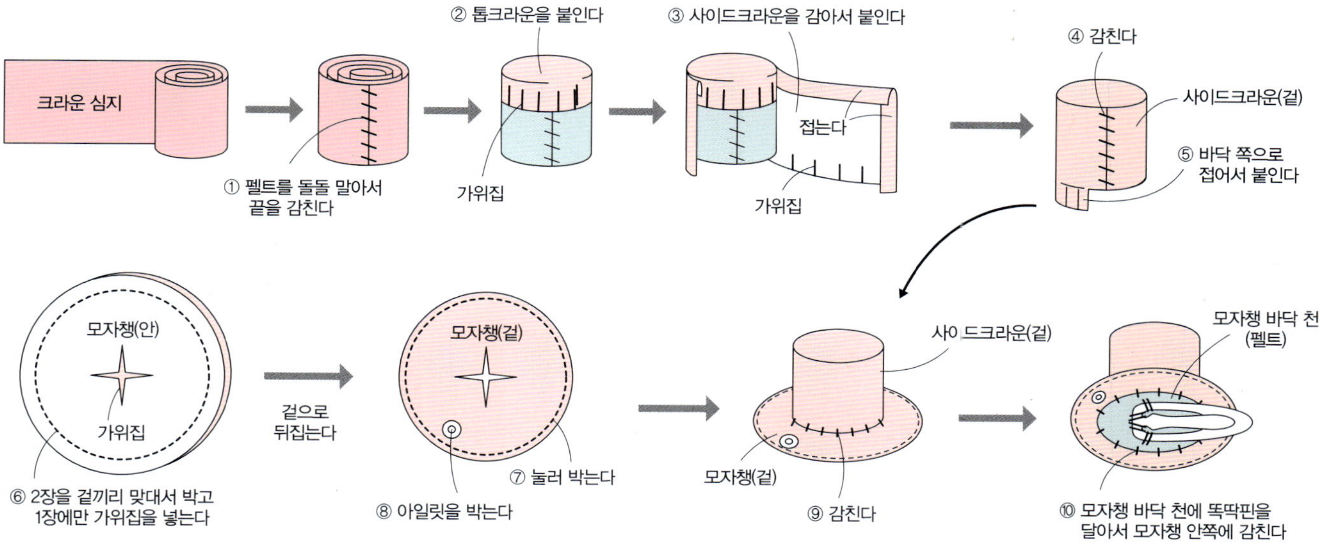

크라운 심지

① 펠트를 돌돌 말아서 끝을 감친다

② 톱크라운을 붙인다
가위집

③ 사이드크라운을 감아서 붙인다
접는다
가위집

④ 감친다
사이드크라운(겉)
⑤ 바닥 쪽으로 접어서 붙인다

모자챙(안)
가위집
⑥ 2장을 겉끼리 맞대서 박고 1장에만 가위집을 넣는다

겉으로 뒤집는다

모자챙(겉)
⑦ 눌러 박는다
⑧ 아일릿을 박는다

사이드크라운(겉)
모자챙(겉)
⑨ 감친다

모자챙 바닥 천 (펠트)
⑩ 모자챙 바닥 천에 똑딱핀을 달아서 모자챙 안쪽에 감친다

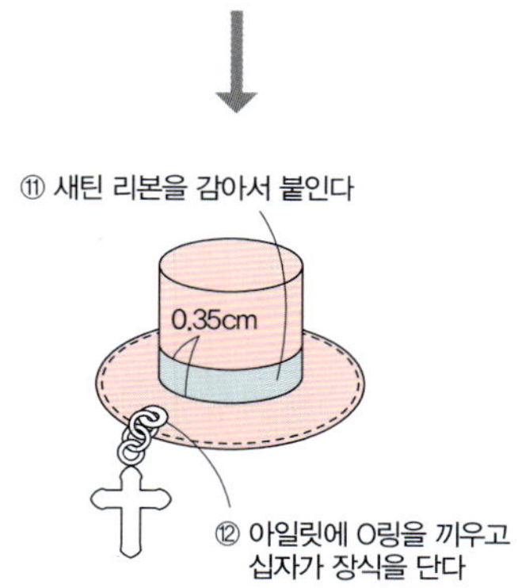

⑪ 새틴 리본을 감아서 붙인다

0.35cm

⑫ 아일릿에 O링을 끼우고 십자가 장식을 단다

15 양말

위를 접어서 박고, 겉끼리 맞닿게 접어서 박은 뒤에 겉으로 뒤집는다.

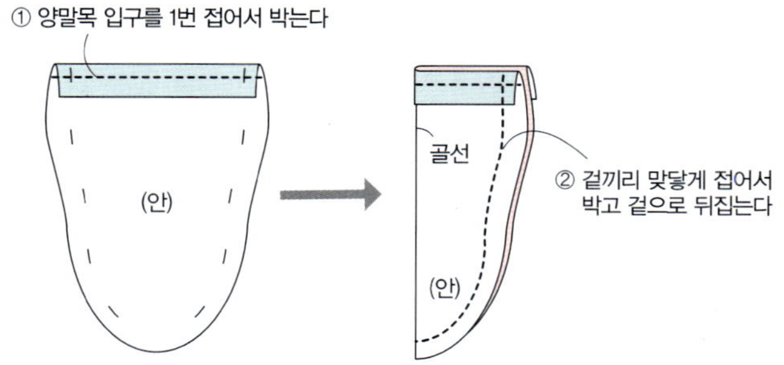

① 양말목 입구를 1번 접어서 박는다

(안)

골선
(안)
② 겉끼리 맞닿게 접어서 박고 겉으로 뒤집는다

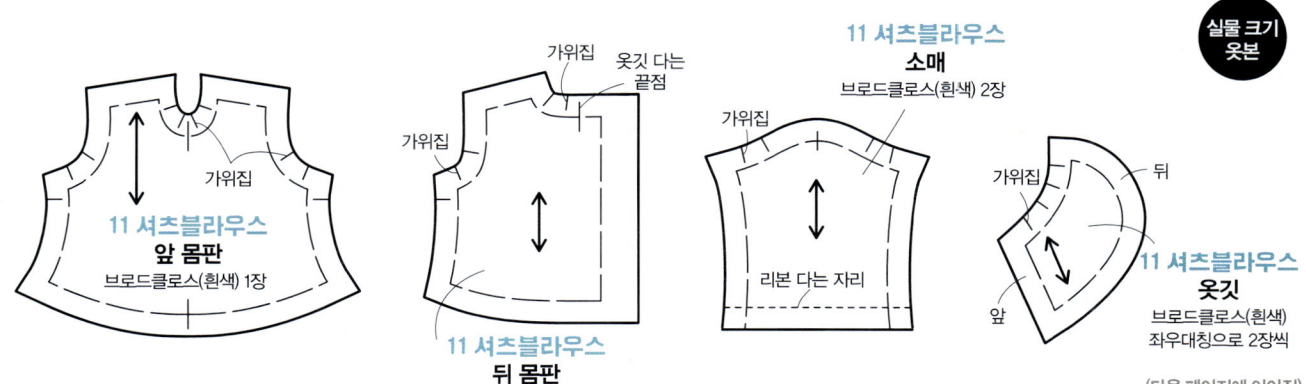

실물 크기 옷본

가위집

11 셔츠블라우스 앞 몸판
브로드클로스(흰색) 1장

가위집
옷깃 다는 끝점
가위집

11 셔츠블라우스 뒤 몸판

11 셔츠블라우스 소매
브로드클로스(흰색) 2장
가위집

리본 다는 자리

뒤
가위집
앞

11 셔츠블라우스 옷깃
브로드클로스(흰색) 좌우대칭으로 2장씩

(다음 페이지에 이어짐)

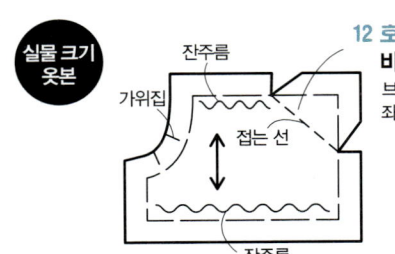

잔주름
가위집
접는 선
잔주름

12 호박바지
바지 앞판
브로드클로스(검정)
좌우대칭으로 1장씩

12 호박바지
주머니 밑판
브로드클로스(검정)
좌우대칭으로 1장씩

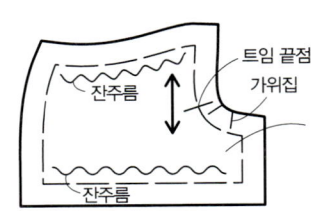

트임 끝점
가위집
잔주름
잔주름

12 호박바지
바지 뒤판
브로드클로스(검정)
좌우대칭으로 1장씩

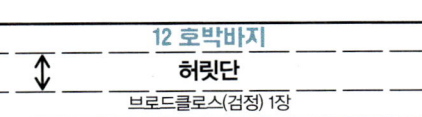

12 호박바지
허릿단
브로드클로스(검정) 1장

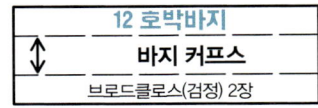

12 호박바지
바지 커프스
브로드클로스(검정) 2장

13 크로스백
펠트(검정) 2장

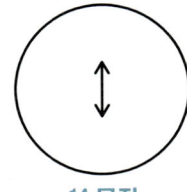

14 모자
톱크라운
브로드클로스(검정) 1장

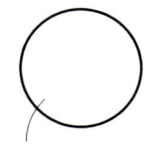

14 모자
모자챙 바닥 천
펠트(검정) 1장

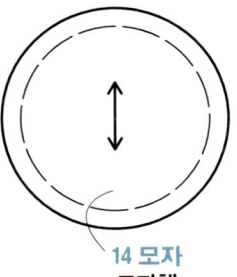

14 모자
모자챙
브로드클로스(검정) 2장

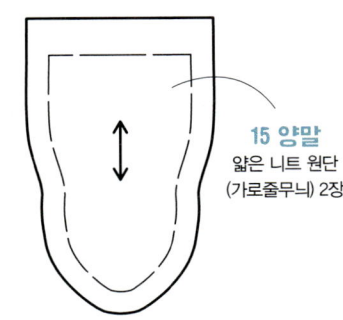

15 양말
얇은 니트 원단
(가로줄무늬) 2장

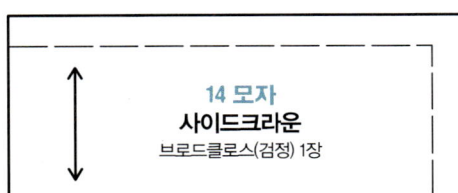

14 모자
사이드크라운
브로드클로스(검정) 1장

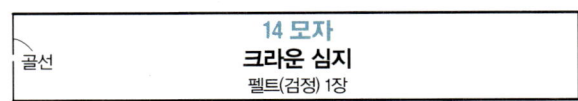

골선

14 모자
크라운 심지
펠트(검정) 1장

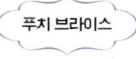

푸치 브라이스

바다유리

Photo P.16
재료 및 만드는 법 P.54~56

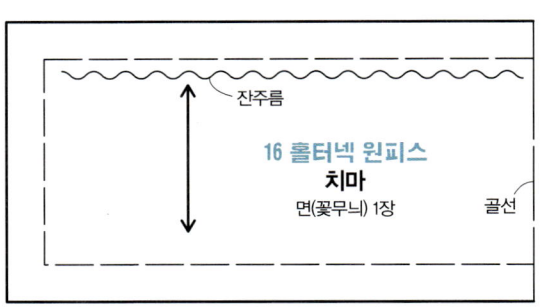

잔주름

16 홀터넥 원피스
치마
면(꽃무늬) 1장

골선

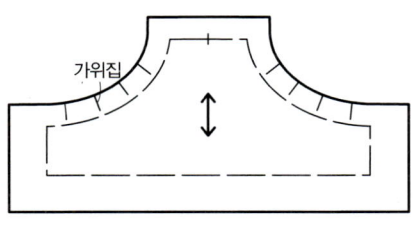

가위집

16 홀터넥 원피스
몸판
면(물방울무늬) 1장, 론(흰색) 1장

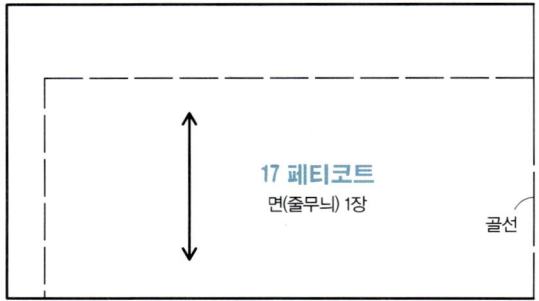

17 페티코트
면(줄무늬) 1장

골선

네오 브라이스

어느 가을날

→←
Photo **P.18**
실물 크기 옷본 **P.77~79**

18 후드 망토
겉감: 리넨(회색) 40cm×10cm, 안감: 면(물방울무늬) 40cm×10cm, 0.9cm 너비 레이스(아이보리) 7cm 2줄, 0.7cm 너비 벨벳 리본(연한 갈색) 20cm 2줄

19 블라우스
브로드클로스(아이보리) 31cm×17cm, 면(직조무늬) 12cm×5cm, 0.5cm 너비 새틴 리본(흑갈색) 10cm, 0.7cm 너비 레이스(흰색) 10cm, 지름 0.2cm 금속 비즈 6개, 똑딱단추 소 2쌍

20 통바지
면(물방울무늬) 35cm×13cm, 0.9cm 너비 레이스(아이보리) 13cm 2줄, 0.5cm 너비 납작 고무줄 9cm

21 양말 ※ 양말 만드는 법은 P.53 참조
얇은 니트 원단(헤링본) 12cm×8.5cm
※ 남성용 양말을 이용

---

18 후드 망토

앞 몸판에 레이스를 달아서 뒤 몸판과 맞대고 어깨선을 박는다. 겉감과 안감을 합쳐서 만든 후드와 몸판 안감을 겉끼리 맞대고 사이에 리본을 끼워서 창구멍을 남기고 박는다. 겉으로 뒤집어서 눌러 박는다.
※ 천 가장자리에 올풀림 방지액을 발라 둔다.

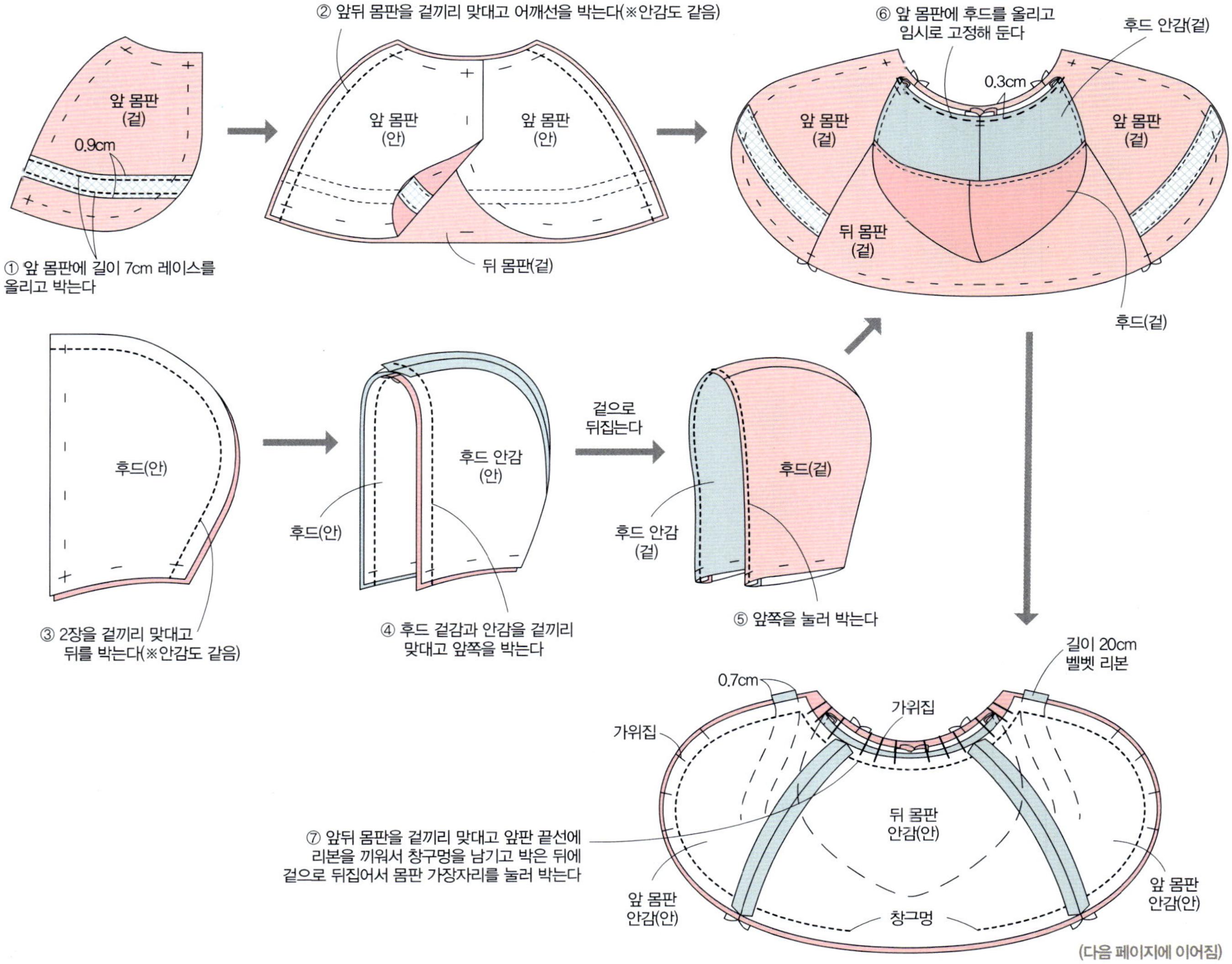

① 앞 몸판에 길이 7cm 레이스를 올리고 박는다
0.9cm
앞 몸판(겉)

② 앞뒤 몸판을 겉끼리 맞대고 어깨선을 박는다(※안감도 같음)
앞 몸판(안) 앞 몸판(안)
뒤 몸판(겉)

⑥ 앞 몸판에 후드를 올리고 임시로 고정해 둔다
후드 안감(겉)
0.3cm
앞 몸판(겉) 앞 몸판(겉)
뒤 몸판(겉)
후드(겉)

③ 2장을 겉끼리 맞대고 뒤를 박는다(※안감도 같음)
후드(안)
후드(안)

④ 후드 겉감과 안감을 겉끼리 맞대고 앞쪽을 박는다
후드 안감(안)
후드(안)

겉으로 뒤집는다
⑤ 앞쪽을 눌러 박는다
후드 안감(겉)
후드(겉)

⑦ 앞뒤 몸판을 겉끼리 맞대고 앞판 끝선에 리본을 끼워서 창구멍을 남기고 박은 뒤에 겉으로 뒤집어서 몸판 가장자리를 눌러 박는다
0.7cm
가위집
가위집
길이 20cm 벨벳 리본
앞 몸판 안감(안)
뒤 몸판 안감(안)
앞 몸판 안감(안)
창구멍

(다음 페이지에 이어짐)

19 블라우스

앞 몸판에 장식천, 레이스, 새틴 리본을 달고 뒤
몸판과 맞대어 어깨선을 박는다. 어깨선을 이
은 안단과 겉끼리 맞대고 뒤판 끝선~목둘레를
박는다. 커프스를 단 소매를 몸판에 달고 소맷
부리에서부터 옆선까지 박는다. 밑단을 접어서
박고 똑딱단추와 금속 비즈를 단다.
※ 천 가장자리에 올풀림 방지액을 발라 둔다.

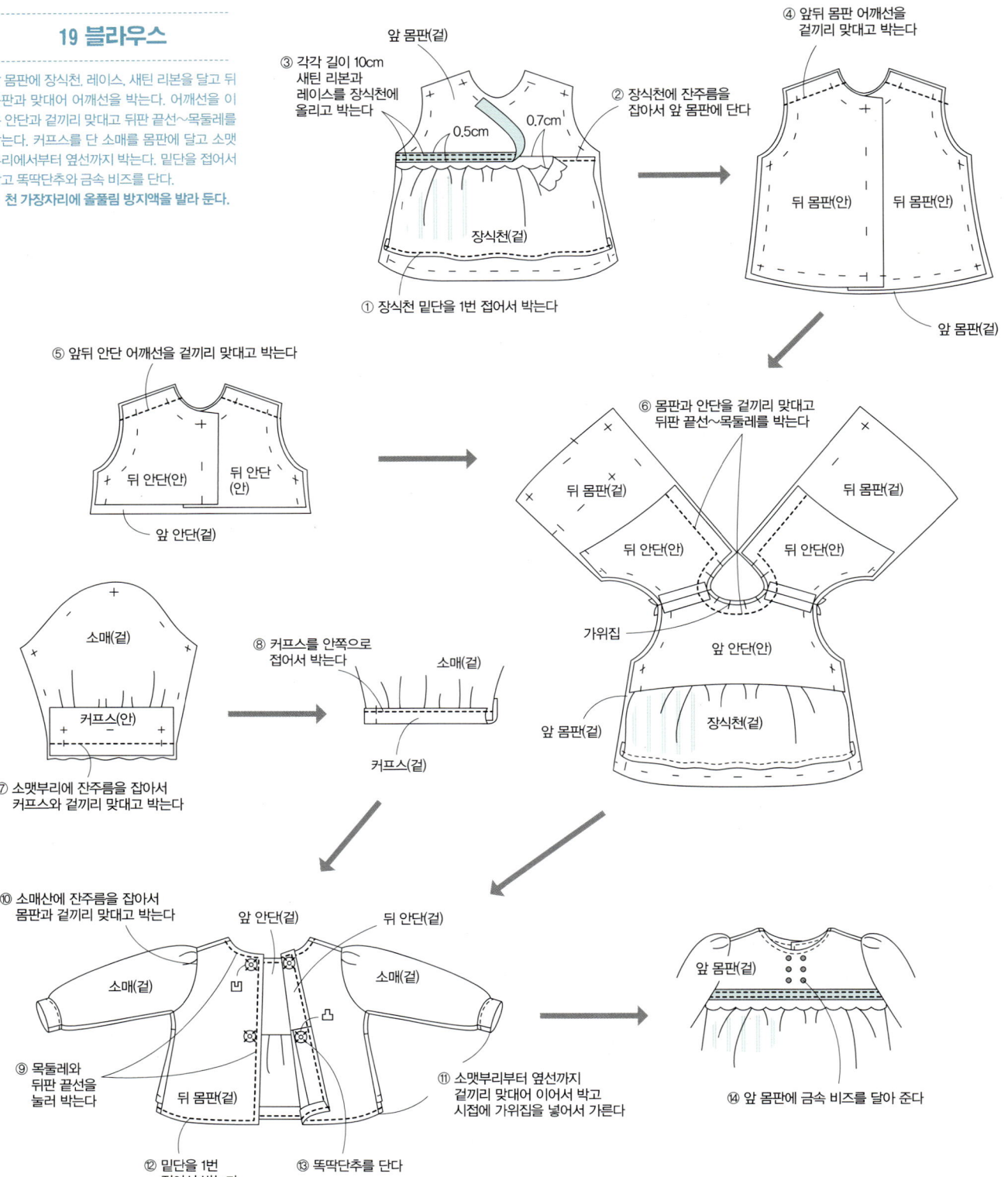

③ 각각 길이 10cm
새틴 리본과
레이스를 장식천에
올리고 박는다

앞 몸판(겉)

0.5cm 0.7cm

② 장식천에 잔주름을
잡아서 앞 몸판에 단다

④ 앞뒤 몸판 어깨선을
겉끼리 맞대고 박는다

장식천(겉)

① 장식천 밑단을 1번 접어서 박는다

뒤 몸판(안) 뒤 몸판(안)

앞 몸판(겉)

⑤ 앞뒤 안단 어깨선을 겉끼리 맞대고 박는다

뒤 안단(안) 뒤 안단
(안)

앞 안단(겉)

⑥ 몸판과 안단을 겉끼리 맞대고
뒤판 끝선~목둘레를 박는다

뒤 몸판(겉) 뒤 몸판(겉)

뒤 안단(안) 뒤 안단(안)

가위집

앞 안단(안)

앞 몸판(겉) 장식천(겉)

소매(겉)

커프스(안)

⑦ 소맷부리에 잔주름을 잡아서
커프스와 겉끼리 맞대고 박는다

⑧ 커프스를 안쪽으로
접어서 박는다

소매(겉)

커프스(겉)

⑩ 소매산에 잔주름을 잡아서
몸판과 겉끼리 맞대고 박는다

앞 안단(겉) 뒤 안단(겉)

소매(겉) 소매(겉)

⑨ 목둘레와
뒤판 끝선을
눌러 박는다

뒤 몸판(겉)

⑫ 밑단을 1번
접어서 박는다

⑬ 똑딱단추를 단다

⑪ 소맷부리부터 옆선까지
겉끼리 맞대어 이어서 박고
시접에 가위집을 넣어서 가른다

앞 몸판(겉)

⑭ 앞 몸판에 금속 비즈를 달아 준다

20 통바지

바지 앞뒤판의 옆선을 박고 바짓단을 접어서 박은 뒤에 바짓단에 레이스를 단다. 앞판 밑위를 박고 허리를 접어서 박는다. 허리에 납작 고무줄을 끼우고 뒤판 밑위를 박은 뒤에 밑아래를 맞대서 박고 겉으로 뒤집는다.

※ 천 가장자리에 올풀림 방지액을 발라 둔다.

① 바지 앞뒤판 옆선을 겉끼리 맞대고 박는다

앞판(겉)   뒤판(겉)

0.9cm

③ 길이 13cm 레이스를 올리고 박아 준다

② 바짓단을 1번 접어서 박는다

0.5cm   0.7cm   0.3cm

⑥ 길이 9cm 납작 고무줄을 끼우고 양 끝을 박아서 고정한다

뒤판(안)   앞판(안)   앞판(안)   뒤판(안)

⑤ 허리를 접어서 박는다   ④ 앞판 밑위를 겉끼리 맞대고 박는다

⑦ 뒤판 밑위를 겉끼리 맞대고 박는다

뒤판(안)   뒤판(안)

⑧ 밑아래를 겉끼리 맞대어 박고, 시접에 가위집을 넣어서 가른 뒤에 겉으로 뒤집는다

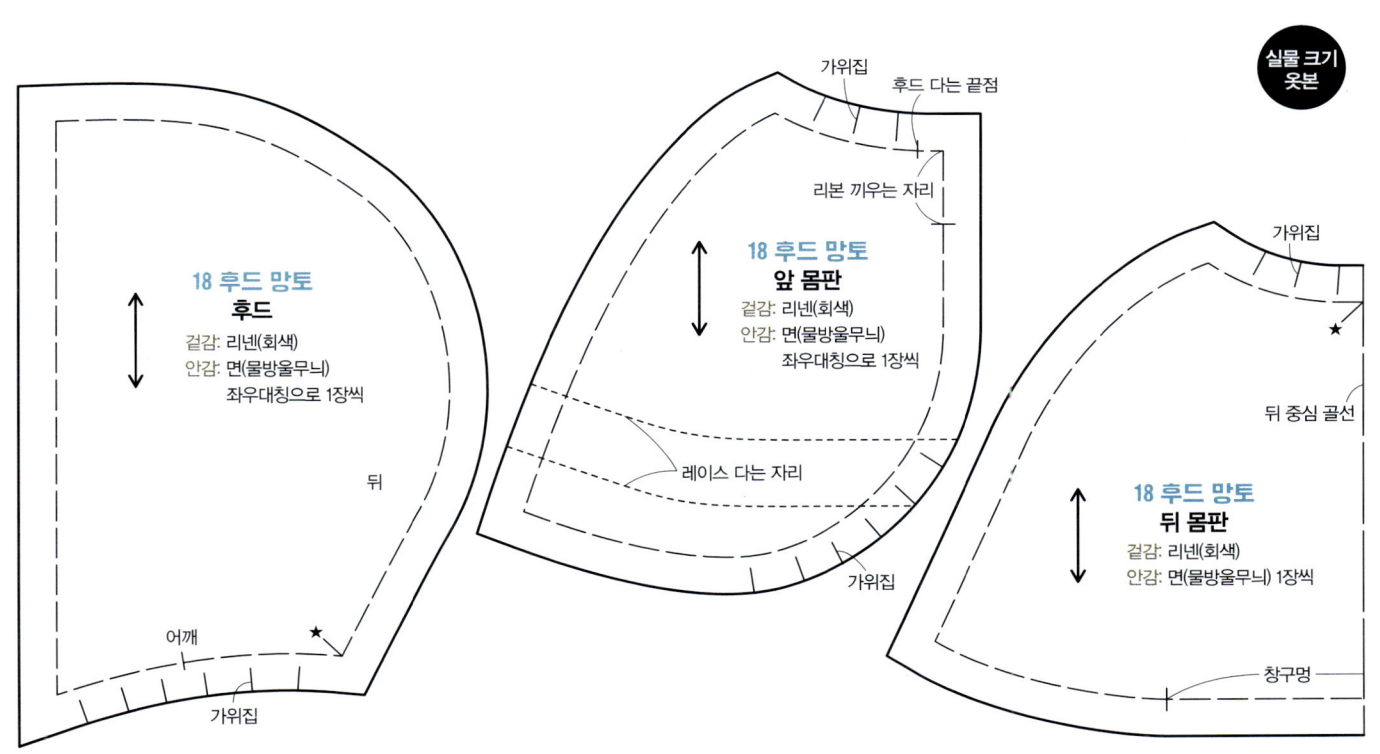

가위집   후드 다는 끝점

리본 끼우는 자리

18 후드 망토
후드
겉감: 리넨(회색)
안감: 면(물방울무늬)
좌우대칭으로 1장씩

뒤

어깨   ★
가위집

18 후드 망토
앞 몸판
겉감: 리넨(회색)
안감: 면(물방울무늬)
좌우대칭으로 1장씩

레이스 다는 자리

가위집

가위집

뒤 중심 골선

18 후드 망토
뒤 몸판
겉감: 리넨(회색)
안감: 면(물방울무늬) 1장씩

★

창구멍

(다음 페이지에 이어짐)

가위집

골선

가위집

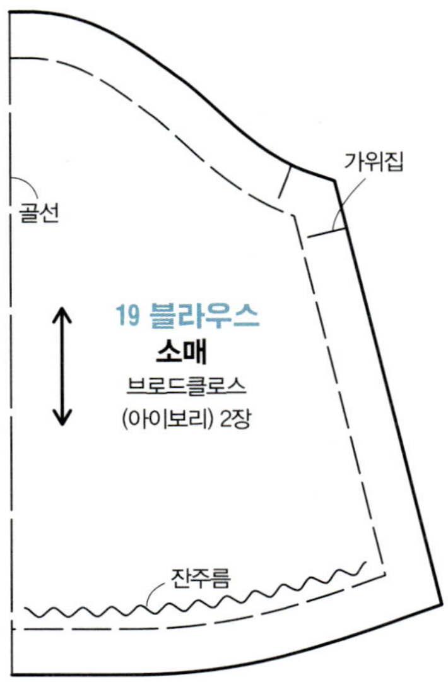

**19 블라우스
소매**
브로드클로스
(아이보리) 2장

잔주름

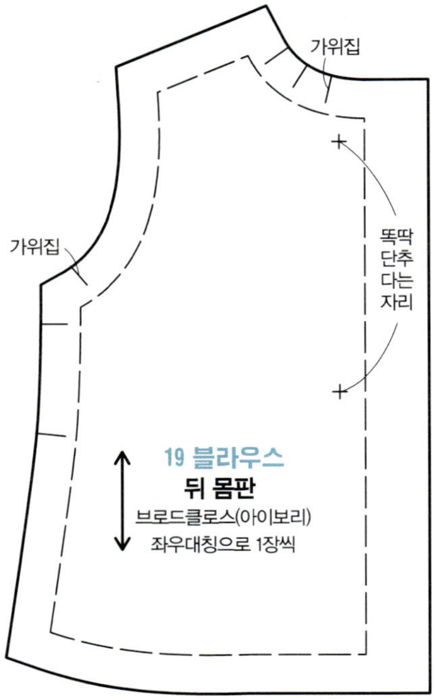

가위집

가위집

똑딱
단추
다는
자리

**19 블라우스
뒤 몸판**
브로드클로스(아이보리)
좌우대칭으로 1장씩

가위집

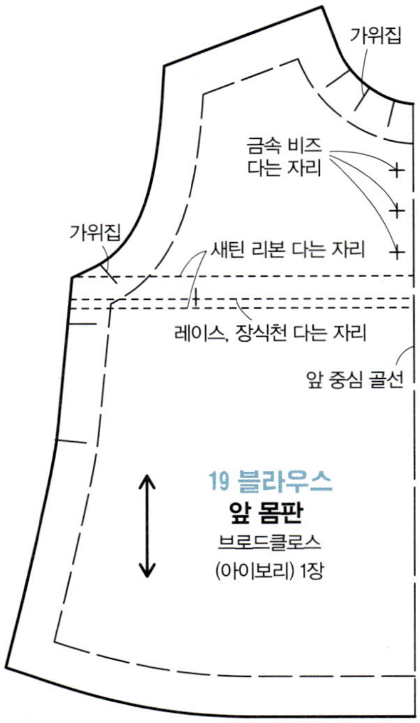

가위집

금속 비즈
다는 자리

새틴 리본 다는 자리

레이스, 장식천 다는 자리

앞 중심 골선

**19 블라우스
앞 몸판**
브로드클로스
(아이보리) 1장

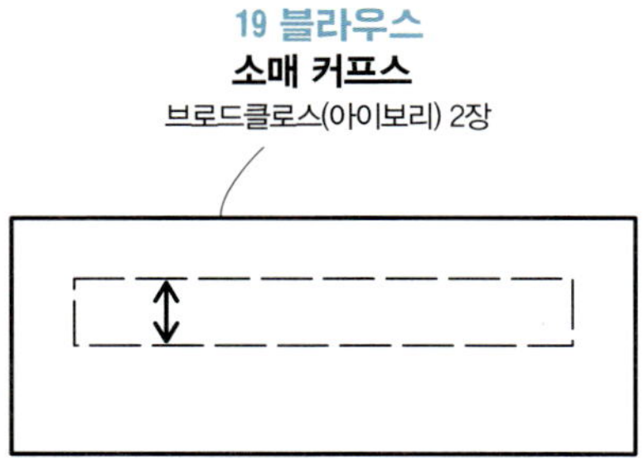

**19 블라우스
소매 커프스**
브로드클로스(아이보리) 2장

가위집

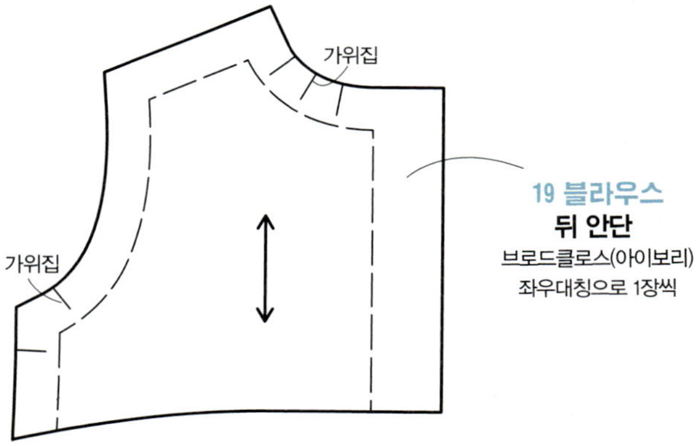

가위집

가위집

**19 블라우스
뒤 안단**
브로드클로스(아이보리)
좌우대칭으로 1장씩

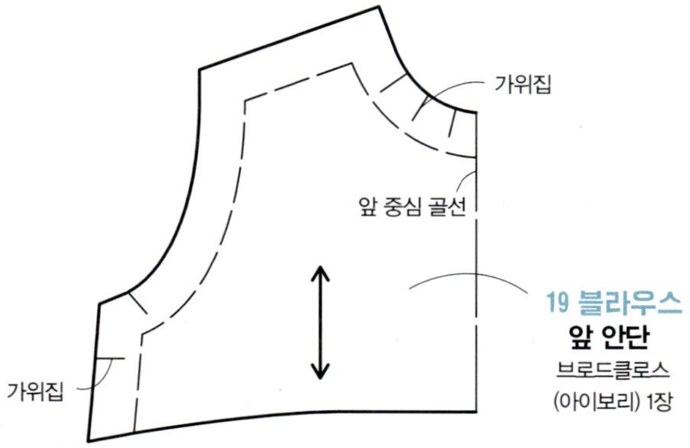

가위집

앞 중심 골선

가위집

**19 블라우스
앞 안단**
브로드클로스
(아이보리) 1장

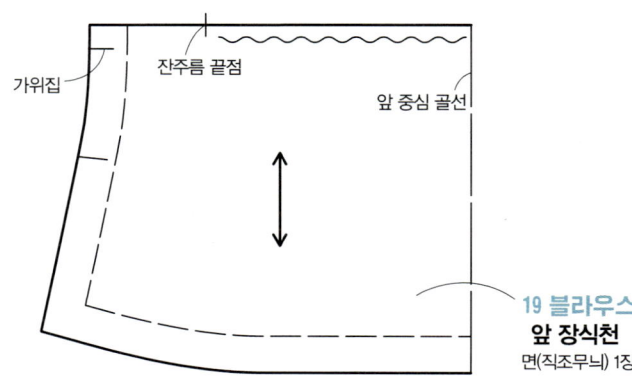

가위집

잔주름 끝점

앞 중심 골선

**19 블라우스
앞 장식천**
면(직조무늬) 1장

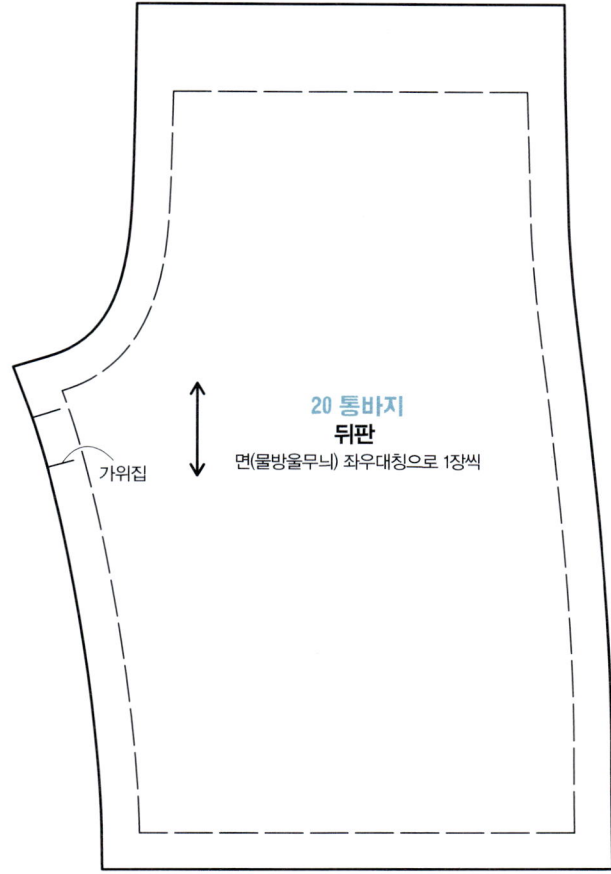

가위집

20 통바지
뒤판
면(물방울무늬) 좌우대칭으로 1장씩

골선

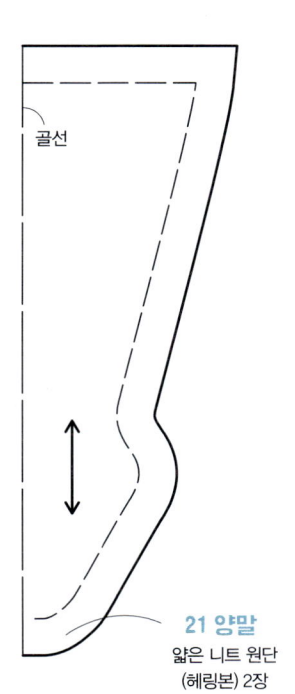

21 양말
얇은 니트 원단
(헤링본) 2장

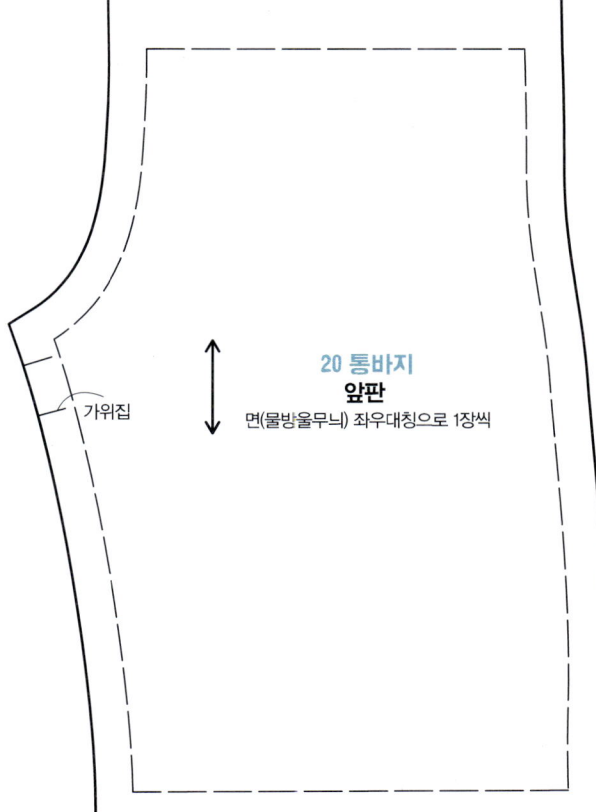

가위집

20 통바지
앞판
면(물방울무늬) 좌우대칭으로 1장씩

미디 브라이스

포근한 겨울나기

Photo **P.20**
실물 크기 옷본 **P.82**

[재료]

22 머플러
겉감: 페이크 퍼(아이보리) 13cm×4cm, 안감: 면(물방울무늬) 13cm×4cm, 0.6cm 너비 새틴 리본(베이지) 10cm 2줄

23 재킷
리넨(핑크베이지) 35cm×8cm, 면(핑크베이지) 19cm×5cm, 0.4cm 너비 레이스(아이보리) 7cm 2줄, 지름 0.2cm 금속 비즈 8개, 똑딱단추 소 2쌍

24 두 겹 치마
면(물방울무늬) 10cm×20cm, 면(직조무늬) 6cm×20cm, 0.6cm 너비 레이스(아이보리) 20cm, 똑딱단추 소 1쌍

25 양말 ※ 양말 만드는 법은 P.53 참조
얇은 니트 원단(헤링본) 10cm×10cm
※ 남성용 양말을 이용

23 재킷

앞 몸판에 레이스를 달아서 뒤 몸판과 맞대고 어깨선을 박는다. 어깨선을 이은 안단을 몸판과 겉끼리 맞대고 앞판 끝선~목둘레를 박은 뒤에 겉으로 뒤집어서 눌러 박는다. 소맷부리를 접어서 박은 소매를 몸판에 달고 소매 옆선과 옆선을 박는다. 밑단을 접어서 박고 금속 비즈와 똑딱단추를 단다.
※ 천 가장자리에 올풀림 방지액을 발라 둔다.

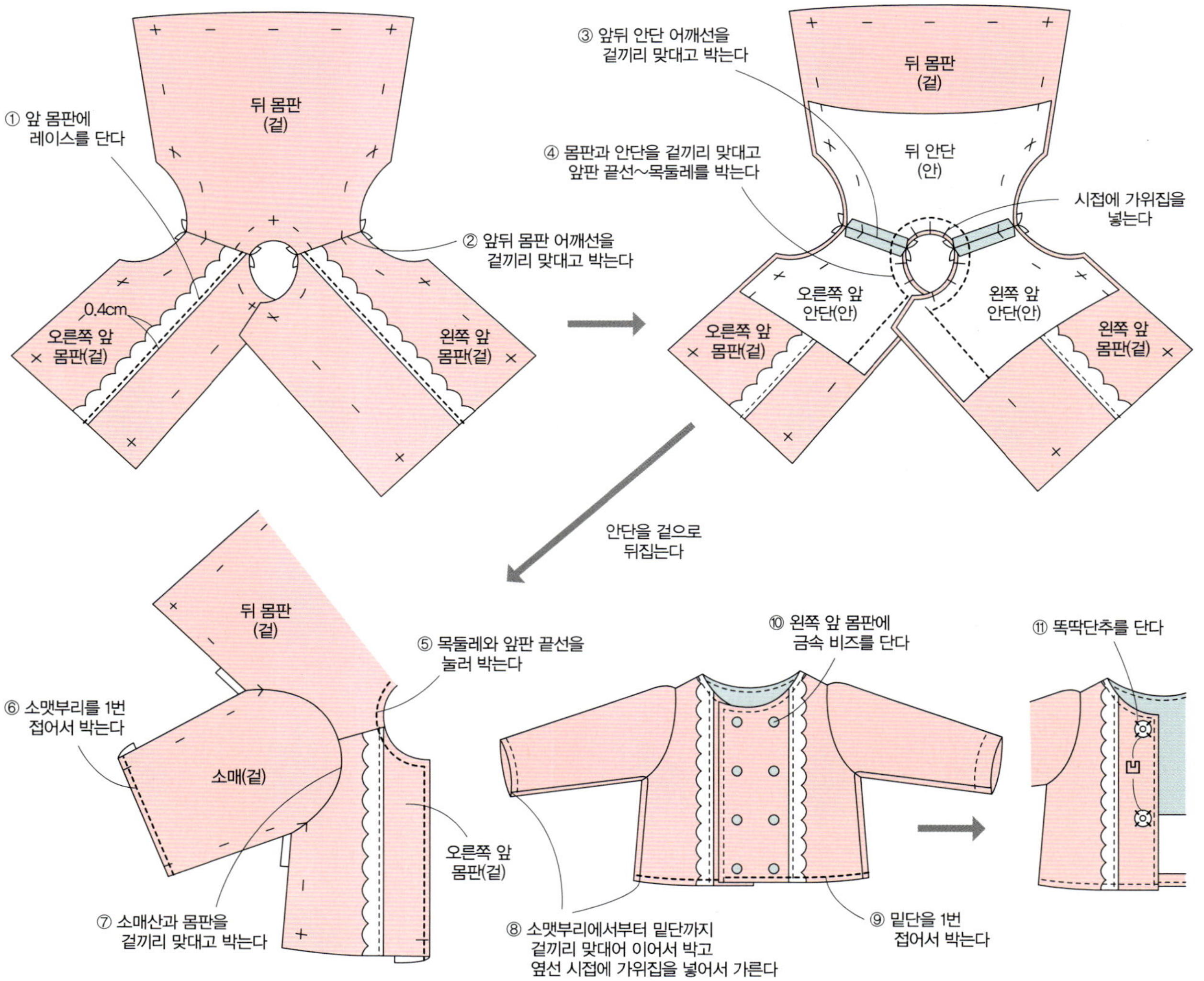

① 앞 몸판에 레이스를 단다

뒤 몸판 (겉)

② 앞뒤 몸판 어깨선을 겉끼리 맞대고 박는다

0.4cm

오른쪽 앞 몸판(겉)

왼쪽 앞 몸판(겉)

③ 앞뒤 안단 어깨선을 겉끼리 맞대고 박는다

뒤 몸판 (겉)

뒤 안단 (안)

④ 몸판과 안단을 겉끼리 맞대고 앞판 끝선~목둘레를 박는다

시접에 가위집을 넣는다

오른쪽 앞 안단(안)

왼쪽 앞 안단(안)

오른쪽 앞 몸판(겉)

왼쪽 앞 몸판(겉)

안단을 겉으로 뒤집는다

뒤 몸판 (겉)

⑥ 소맷부리를 1번 접어서 박는다

소매(겉)

⑤ 목둘레와 앞판 끝선을 눌러 박는다

오른쪽 앞 몸판(겉)

⑦ 소매산과 몸판을 겉끼리 맞대고 박는다

⑧ 소맷부리에서부터 밑단까지 겉끼리 맞대어 이어서 박고 옆선 시접에 가위집을 넣어서 가른다

⑩ 왼쪽 앞 몸판에 금속 비즈를 단다

⑨ 밑단을 1번 접어서 박는다

⑪ 똑딱단추를 단다

22 머플러

겉감과 안감을 겉끼리 맞대고 양 옆에 리본을 끼워서 창구멍을 남기고 박는다. 겉으로 뒤집어서 창구멍을 감친다.

※ 천 가장자리에 올풀림 방지액을 발라 둔다.

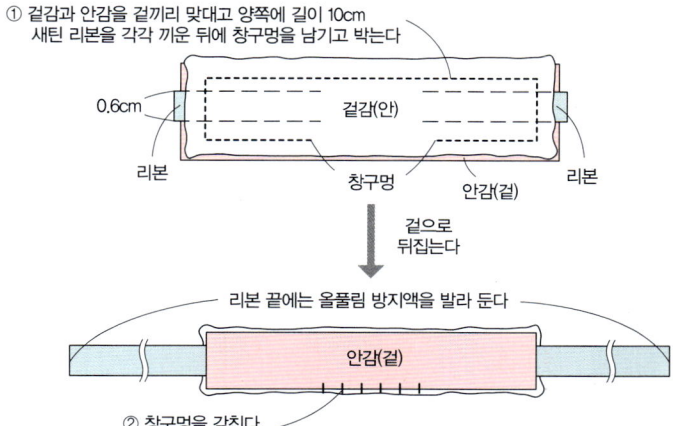

① 겉감과 안감을 겉끼리 맞대고 양쪽에 길이 10cm 새틴 리본을 각각 끼운 뒤에 창구멍을 남기고 박는다

0.6cm

겉감(안)

리본   창구멍   안감(겉)   리본

겉으로
뒤집는다

리본 끝에는 올풀림 방지액을 발라 둔다

안감(겉)

② 창구멍을 감친다

24 두 겹 치마

위 치마는 치맛단에 레이스를 달고 아래 치마는 치맛단을 접어서 박는다. 위 치마와 아래 치마를 겹쳐서 트임 끝점까지 접어서 박는다. 허리에 잔주름을 잡아서 허릿단을 달고, 겉끼리 맞닿게 접어서 뒤를 박은 뒤에 똑딱단추를 단다.

※ 천 가장자리에 올풀림 방지액을 발라 둔다.

＋ －   ＋

위 치마
(겉)

0.6cm 레이스

＋   ＋

아래 치마(겉)

① 위 치마의 치맛단을 1번 접어서
레이스를 올려놓고 박는다

③ 위·아래 치마의 양 끝을
접어서 박는다

－

0.5cm

트임 끝점

아래 치마(겉)

② 아래 치마의 치맛단을
1번 접어서 박는다

④ 위·아래 치마의 허리에 잔주름을
잡고 허릿단과 겉끼리 맞대고 박는다

＋ －   － ＋

허릿단(안)

위 치마(겉)

아래 치마(겉)

허릿단(안)

＋

아래 치마
(안)

아래 치마
(안)

(겉)

아래 치마
(안)

허릿단으로 시접을 싸서
테두리를 눌러 박는다

허릿단(겉)

위 치마(겉)

허릿단(겉)

허릿단(겉)

아래 치마
(안)

트임 끝점

치마 뒤판 끝선을 겉끼리 맞대서
트임 끝점까지 박는다

凹   凸

허릿단(겉)

위 치마
(겉)

똑딱단추를 단다

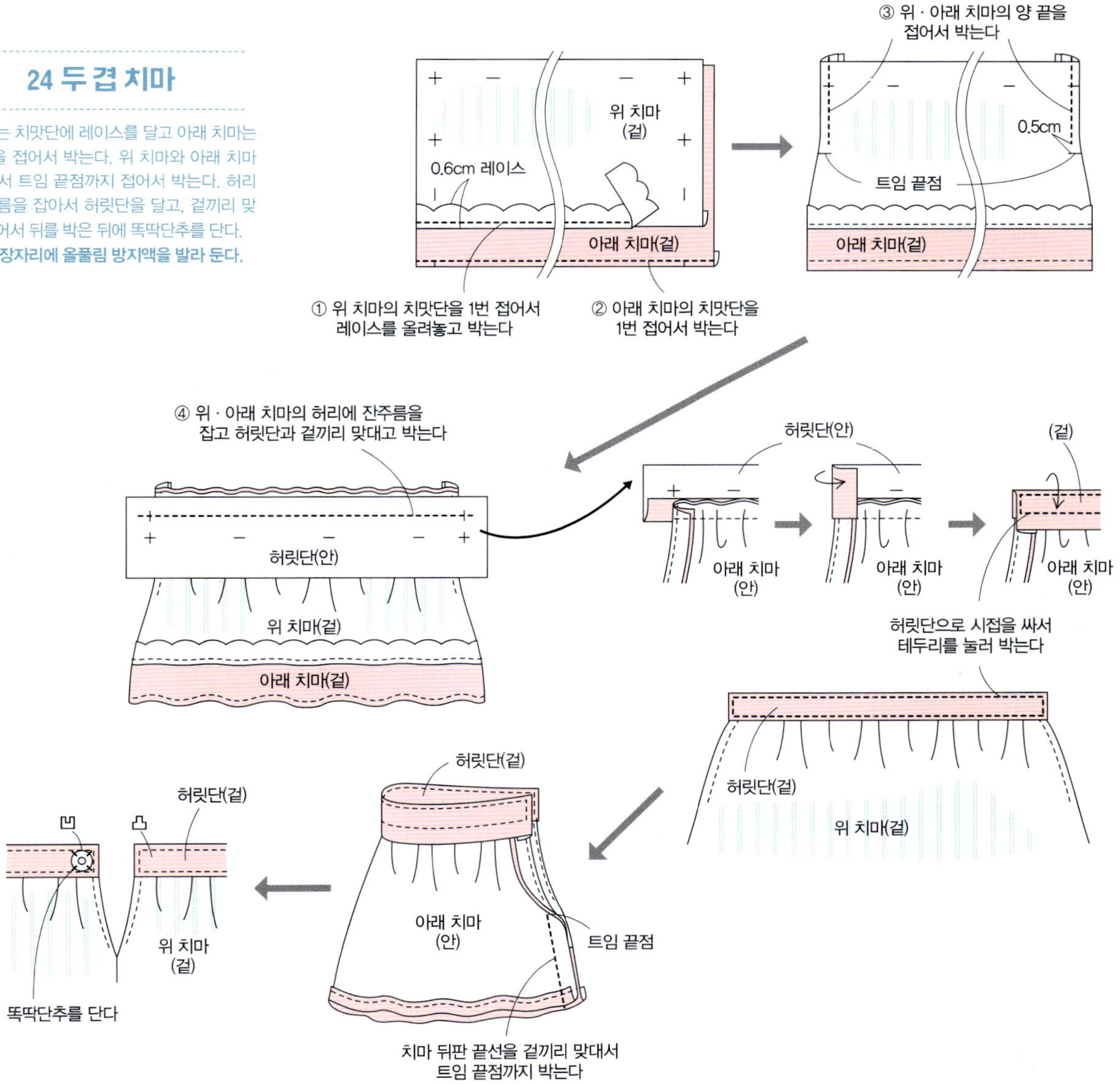

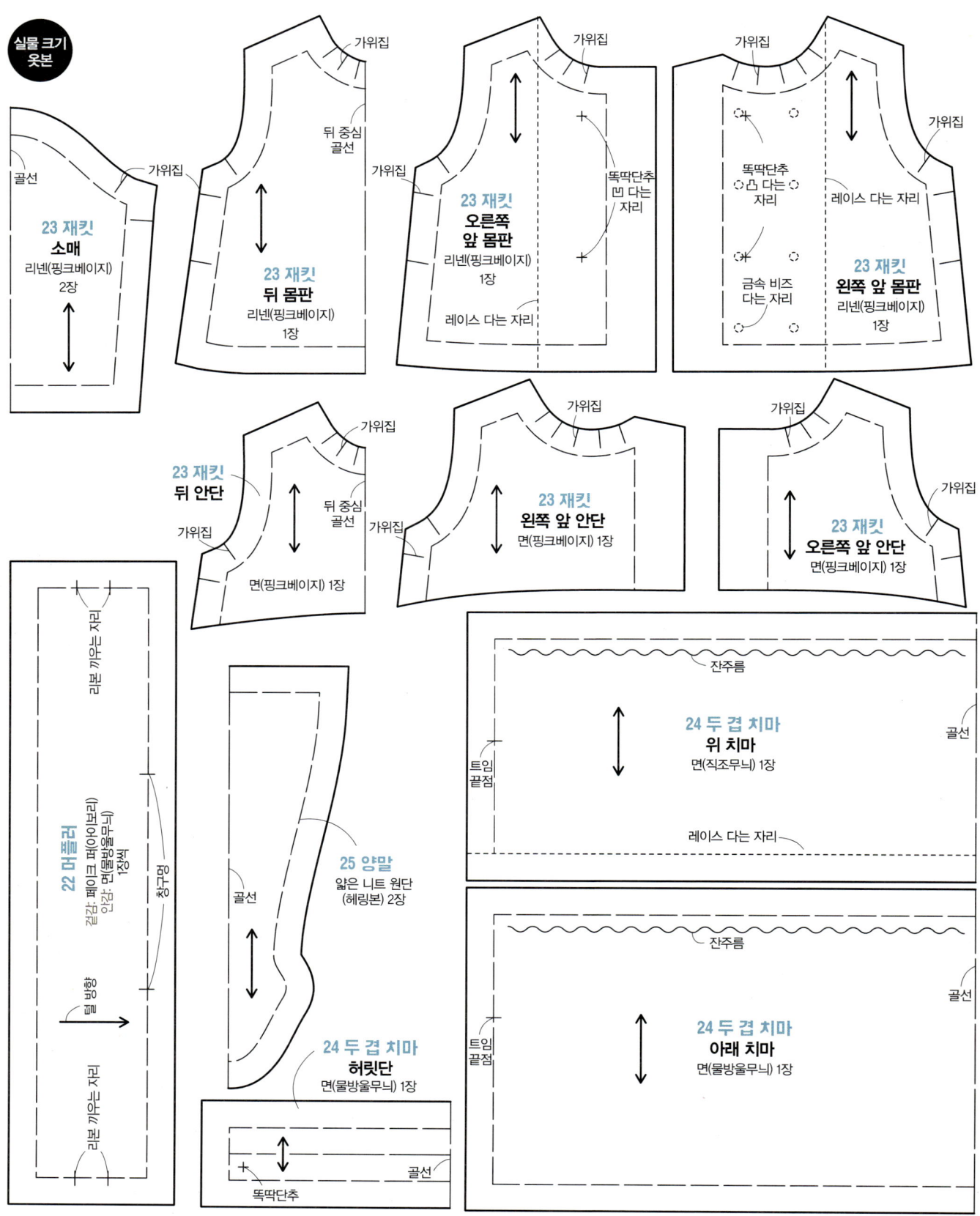

실물 크기 옷본

23 재킷
소매
리넨(핑크베이지)
2장

골선
가위집

23 재킷
뒤 몸판
리넨(핑크베이지)
1장

가위집
뒤 중심 골선
가위집

23 재킷
오른쪽
앞 몸판
리넨(핑크베이지)
1장

가위집
똑딱단추 凹 다는 자리
레이스 다는 자리

가위집
가위집
똑딱단추 凸 다는 자리
레이스 다는 자리

23 재킷
왼쪽 앞 몸판
리넨(핑크베이지)
1장

금속 비즈 다는 자리

23 재킷
뒤 안단
면(핑크베이지) 1장

가위집
뒤 중심 골선
가위집

23 재킷
왼쪽 앞 안단
면(핑크베이지) 1장

가위집
가위집

23 재킷
오른쪽 앞 안단
면(핑크베이지) 1장

가위집

22 머플러
겉감: 페이크 퍼(아이보리)
안감: 면(물방울무늬)
1장씩

리본 끼우는 자리
솔기 방향
털 방향
청구멍
리본 끼우는 자리

25 양말
얇은 니트 원단
(헤링본) 2장

골선

24 두 겹 치마
위 치마
면(직조무늬) 1장

잔주름
골선
트임 끝점
레이스 다는 자리

24 두 겹 치마
허릿단
면(물방울무늬) 1장

똑딱단추
골선

24 두 겹 치마
아래 치마
면(물방울무늬) 1장

잔주름
골선
트임 끝점

푸치 브라이스

블로섬 코트

Photo P.22
실물 크기 옷본 P.85

[재료]

26 헤드드레스
이중 거즈(분홍) 9cm×5cm, 1cm 너비 레이스(흰색) 9cm, 0.3cm 너비 새틴 리본(흰색) 12cm 2줄, 레이스 모티브 조금

27 코트
이중 거즈(분홍) 20cm×20cm, 면(꽃무늬) 16cm×14cm, 1cm 너비 레이스(흰색) 23cm, 0.2cm 너비 새틴 리본(흰색) 10cm 2줄, 걸고리 소 1쌍, 레이스 모티브 조금

28 원피스
시팅(아이보리) 17cm×10cm, 브로드클로스(흰색) 3cm×3cm, 1.5cm 너비 레이스(아이보리) 20cm, 0.5cm 너비 자바라 테이프(흰색) 6cm, 0.3cm 너비 새틴 리본(아이보리) 2.5cm 2줄, 똑딱단추 소 2쌍

---

26 헤드드레스

겉감에 레이스를 달고 양 끝에 새틴 리본을 끼워서 안감과 맞대어 창구멍을 남기고 박는다.
겉으로 뒤집어서 창구멍을 감치고 가장자리를 눌러 박은 뒤에 레이스 모티브를 달아 준다.
※ 천 가장자리에 올풀림 방지액을 발라 둔다.

1cm

① 겉감에 레이스를 올리고 박는다
겉감(겉)

겉으로
뒤집는다

길이 12cm
안감(안)
0.3cm
가위집
3cm 창구멍
겉감(겉)

② 겉감과 안감을 겉끼리 맞대고
양 끝에 새틴 리본을 끼운 뒤에 창구멍을 남기고 박는다

④ 레이스 모티브를 달아 준다

③ 창구멍을 감치고
가장자리를 눌러 박는다

리본 끝에 올풀림
방지액을 발라 둔다

---

28 원피스

몸판은 다트를 박고 레이스를 달아 준다. 치마는 치맛단을 접어서 레이스를 달고 허리에 잔주름을 잡는다. 가장자리를 접고, 자바라 테이프를 단 앞치마와 겹쳐서 몸판과 잇는다. 몸판에 어깨끈을 달고 뒤판 끝선을 접어서 박은 뒤에 똑딱단추를 단다.
※ 천 가장자리에 올풀림 방지액을 발라 둔다.

① 다트를 박는다
② 앞 중심에 레이스를 단다
③ 위쪽을 접어서 박는다
몸판(겉)
1.5cm

치마
(안)

④ 치맛단을 1번 접고,
레이스를 치맛단에서
0.3cm 나오도록 겹쳐서
안쪽에서 박는다
0.3cm

⑥ 옆과 밑단을
접어서 박는다
앞치마
(안)

⑦ 가장자리에 자바라 테이프를
감쳐서 단다
앞치마(겉)

⑧ 치마허리에 잔주름을 잡고
앞치마를 겹쳐서 임시로 고정한 뒤에
몸판과 겉끼리 맞대고 박는다

몸판
(겉)
앞치마
(겉)
치마(겉)

⑨ 몸판에 어깨끈용
길이 2.5cm 새틴 리본을 단다
0.3cm
1.5cm
1cm   1cm
0.5cm
몸판(안)
치마(안)

⑩ 뒤판 끝선을 접어서 박고
똑딱단추를 단다

⑤ 레이스 위쪽 끝을
겉쪽에서 박아 준다

(다음 페이지에 이어짐)

27 코트

치마 앞뒤판은 다트를 박고 옆선을 이은 뒤에 치맛단에 레이스를 단다. 몸판 어깨선을 잇고, 소맷부리에 레이스를 단 소매를 단다. 소매 옆선과 옆선을 박은 뒤에 치마와 몸판을 맞대고 허리를 박는다. 옷깃을 만들어서 몸판에 임시로 고정해 둔다. 안감은 겉감과 같은 방법으로 치마를 만들고 몸판은 어깨선을 잇는다. 진동둘레 시접을 접어서 박고, 옆선을 맞대어 박은 뒤에 치마와 맞대고 허리를 박아 준다. 겉감과 안감을 겉끼리 맞대어 창구멍을 남기고 목둘레~앞판 끝선~밑단을 박은 뒤에 겉으로 뒤집어서 눌러 박는다. 치마에 레이스 모티브를, 옷깃이 만나는 자리에 새틴 리본과 걸고리를 달아 준다.

※ 천 가장자리에 올풀림 방지액을 발라 둔다.

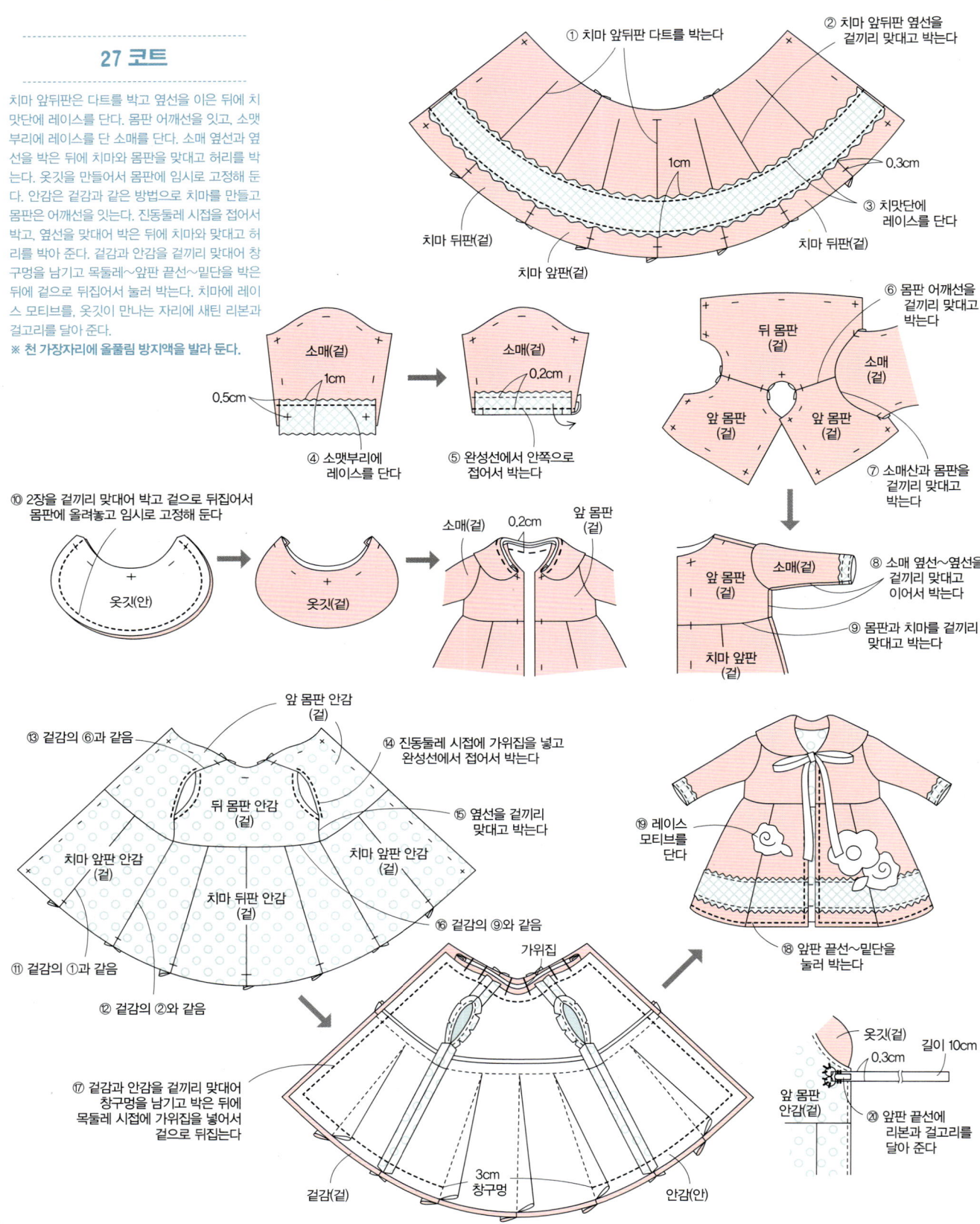

① 치마 앞뒤판 다트를 박는다

② 치마 앞뒤판 옆선을 겉끼리 맞대고 박는다

1cm

0.3cm

③ 치맛단에 레이스를 단다

치마 뒤판(겉)

치마 앞판(겉)

치마 뒤판(겉)

소매(겉)

1cm

0.5cm

④ 소맷부리에 레이스를 단다

소매(겉)

0.2cm

⑤ 완성선에서 안쪽으로 접어서 박는다

⑥ 몸판 어깨선을 겉끼리 맞대고 박는다

뒤 몸판(겉)

소매(겉)

앞 몸판(겉)

앞 몸판(겉)

⑦ 소매산과 몸판을 겉끼리 맞대고 박는다

⑩ 2장을 겉끼리 맞대어 박고 겉으로 뒤집어서 몸판에 올려놓고 임시로 고정해 둔다

옷깃(안)

옷깃(겉)

소매(겉)

0.2cm

앞 몸판(겉)

앞 몸판(겉)

소매(겉)

치마 앞판(겉)

⑧ 소매 옆선~옆선을 겉끼리 맞대고 이어서 박는다

⑨ 몸판과 치마를 겉끼리 맞대고 박는다

⑬ 겉감의 ⑥과 같음

앞 몸판 안감(겉)

⑭ 진동둘레 시접에 가위집을 넣고 완성선에서 접어서 박는다

뒤 몸판 안감(겉)

⑮ 옆선을 겉끼리 맞대고 박는다

치마 앞판 안감(겉)

치마 앞판 안감(겉)

치마 뒤판 안감(겉)

⑯ 겉감의 ⑨와 같음

⑪ 겉감의 ①과 같음

⑫ 겉감의 ②와 같음

⑰ 겉감과 안감을 겉끼리 맞대어 창구멍을 남기고 박은 뒤에 목둘레 시접에 가위집을 넣어서 겉으로 뒤집는다

가위집

⑲ 레이스 모티브를 단다

⑱ 앞판 끝선~밑단을 눌러 박는다

겉감(겉)

3cm 창구멍

안감(안)

옷깃(겉)

길이 10cm

0.3cm

앞 몸판 안감(겉)

⑳ 앞판 끝선에 리본과 걸고리를 달아 준다

어깨끈 다는 자리　다트　다트　어깨끈 다는 자리

**28 원피스
몸판**
시팅(아이보리) 1장

똑딱단추 凸 다는 자리　　똑딱단추 凹 다는 자리

리본
끼우는 자리

26 헤드드레스
이중 거즈(분홍) 2장

리본
끼우는 자리

가위집

똑딱단추 凸 다는 자리　잔주름　똑딱단추 凹 다는 자리

**28 원피스
치마**
시팅(아이보리) 1장

**28 원피스
앞치마**

브로드클로스
(흰색) 1장

**27 코트
앞 몸판**

가위집

가위집

겉감, 안감
좌우대칭으로
1장씩

**27 코트
소매**

가위집

이중 거즈
(분홍) 2장

**27 코트
뒤 몸판**

가위집

가위집

겉감, 안감
좌우대칭으로 1장씩

가위집

이중 거즈(분홍) 2장

**27 코트
옷깃**

**27 코트
치마 앞판**
겉감, 안감
좌우대칭으로 1장씩

다트

**27 코트
치마 뒤판**
겉감, 안감 1장씩

다트　다트　다트

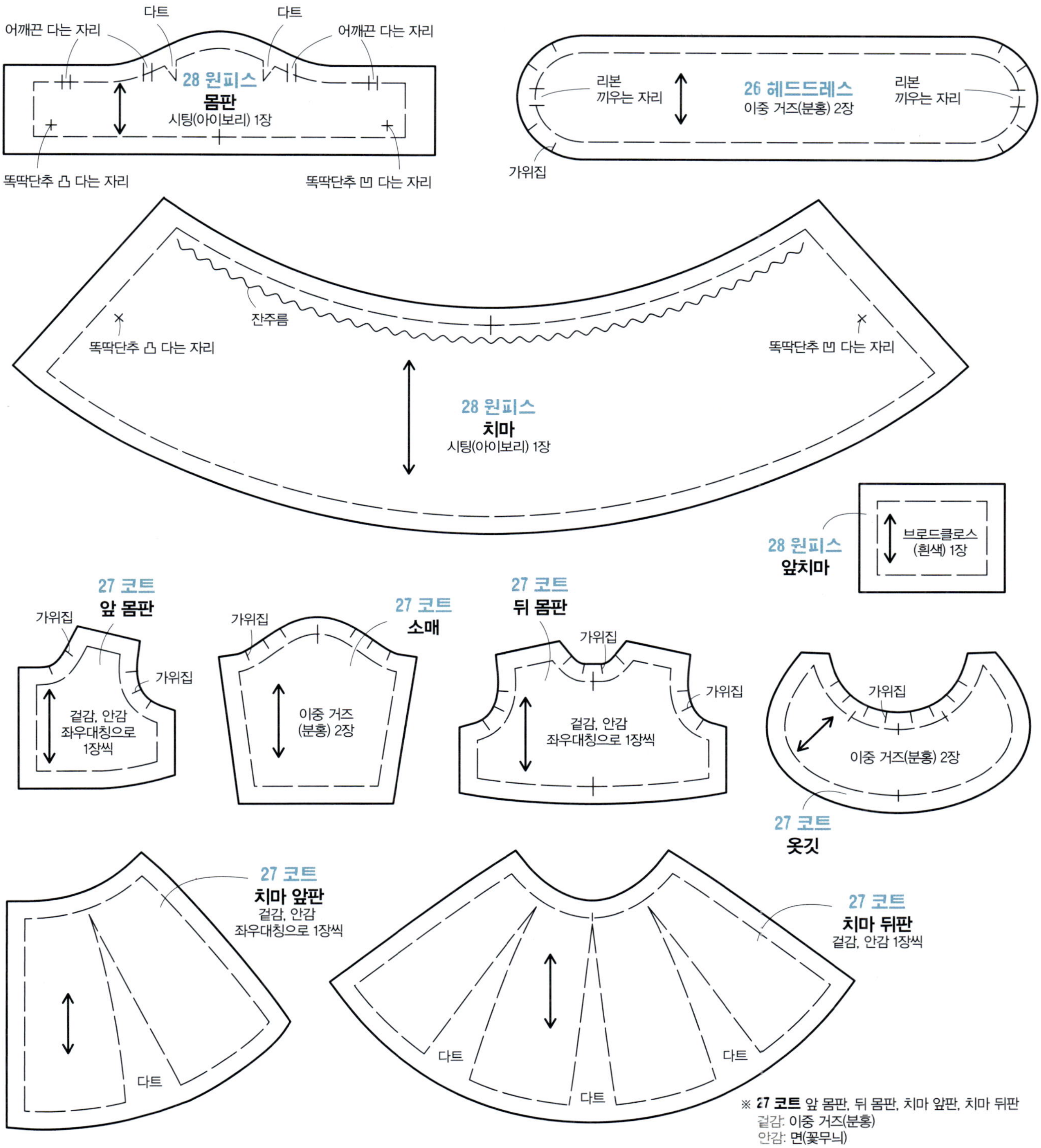

※ **27 코트** 앞 몸판, 뒤 몸판, 치마 앞판, 치마 뒤판
겉감: 이중 거즈(분홍)
안감: 면(꽃무늬)

푸치 브라이스

스쿨 걸

Photo **P.24**
실물 크기 옷본 **P.88**

[재료]

29 베레모
브로드클로스(깅엄체크) 17cm×8cm, 접착심지 17cm×8cm, 0.6cm 너비 새틴 리본(줄무늬) 11cm, 1cm 너비 그로그랭 리본(검정) 13cm

30 블라우스
브로드클로스(흰색) 20cm×5cm, 0.6cm 너비 새틴 리본(줄무늬) 11cm, 지름 0.2cm 핫픽스 3개, 0.6cm 너비 벨크로 테이프 3cm

31 뷔스티에 주름치마
브로드클로스(검정) 8.5cm×4cm, 브로드클로스(깅엄체크) 16cm×6.5cm, 지름 0.38cm 도금 단추 4개, 0.6cm 너비 벨크로 테이프 2cm

31 뷔스티에 주름치마

치마 겉쪽에 원단용 수성펜으로 주름선을 그리고 치맛단을 접어서 박은 뒤에 주름을 접어서 고정한다. 뷔스티에는 다트를 박고 치마와 맞대어 허리를 박은 뒤에 시접을 위로 넘겨서 눌러 박는다. 위쪽을 접어서 박고 뒤판 끝점을 트임 끝점까지 박는다. 벨크로 테이프를 달고 앞에는 단추를 달아 준다.

※ 천 가장자리에 올풀림 방지액을 발라 둔다.

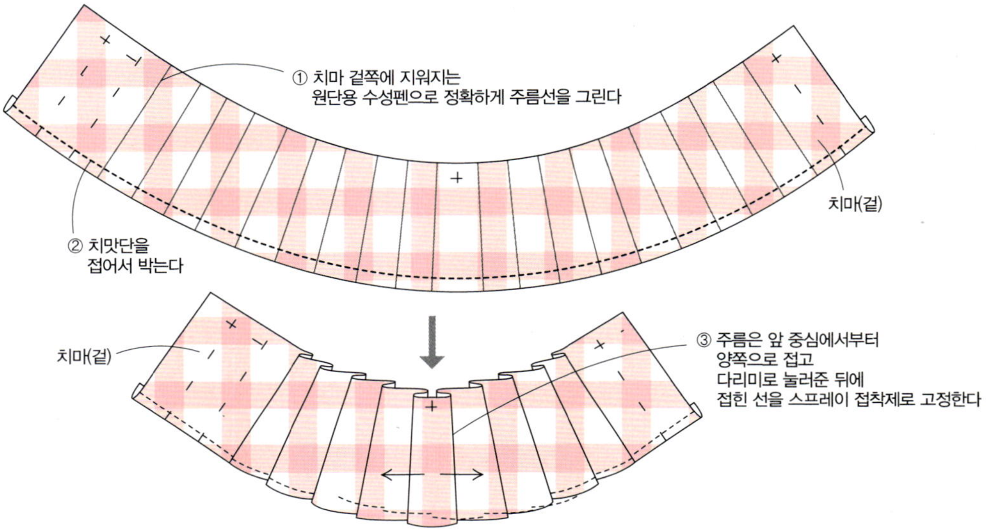

① 치마 겉쪽에 지워지는 원단용 수성펜으로 정확하게 주름선을 그린다

치마(겉)

② 치맛단을 접어서 박는다

치마(겉)

③ 주름은 앞 중심에서부터 양쪽으로 접고 다리미로 눌러준 뒤에 접힌 선을 스프레이 접착제로 고정한다

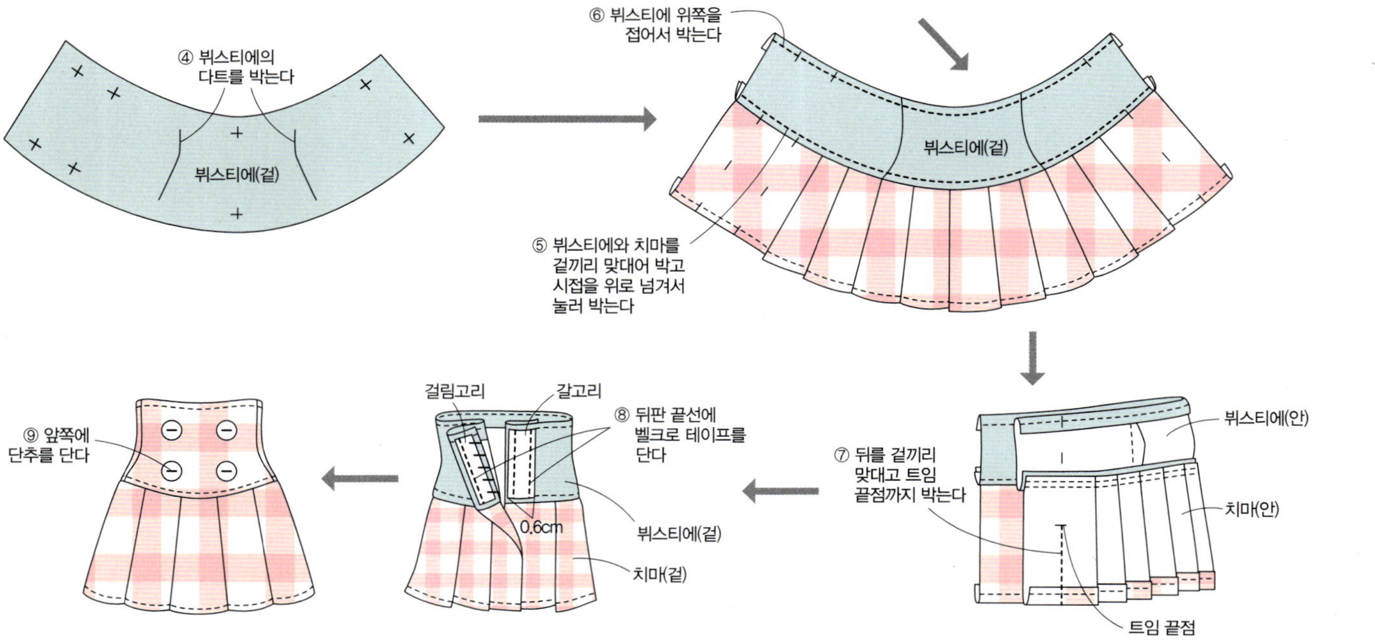

④ 뷔스티에의 다트를 박는다

뷔스티에(겉)

⑥ 뷔스티에 위쪽을 접어서 박는다

뷔스티에(겉)

⑤ 뷔스티에와 치마를 겉끼리 맞대어 박고 시접을 위로 넘겨서 눌러 박는다

⑦ 뒤를 겉끼리 맞대고 트임 끝점까지 박는다

뷔스티에(안)

치마(안)

트임 끝점

⑨ 앞쪽에 단추를 단다

걸림고리

갈고리

⑧ 뒤판 끝선에 벨크로 테이프를 단다

0.6cm

뷔스티에(겉)

치마(겉)

옷깃을 만들어서, 어깨선을 이은 몸판에 달아 준다. 소매는 소맷부리를 접어서 박고 몸판에 단 뒤에 소매 옆선~옆선을 잇는다. 안단의 뒤 중심을 잇고, 몸판과 겉끼리 맞대어 목둘레를 박는다. 겉으로 뒤집어서 밑단을 접어서 박든 뒤에 목둘레~앞판 끝선을 눌러 박는다.
벨크로 테이프, 핫픽스, 묶은 리본을 달아 준다.

※ 천 가장자리에 올풀림 방지액을 발라 둔다.
※ 소맷부리, 목둘레의 스티치는 검정 실.
※ 장식 스티치는 손바느질로 해도 OK.
※ 재봉실로 백 스티치(P.93 참조)를 하면 재봉틀로 박은 것처럼 보인다.

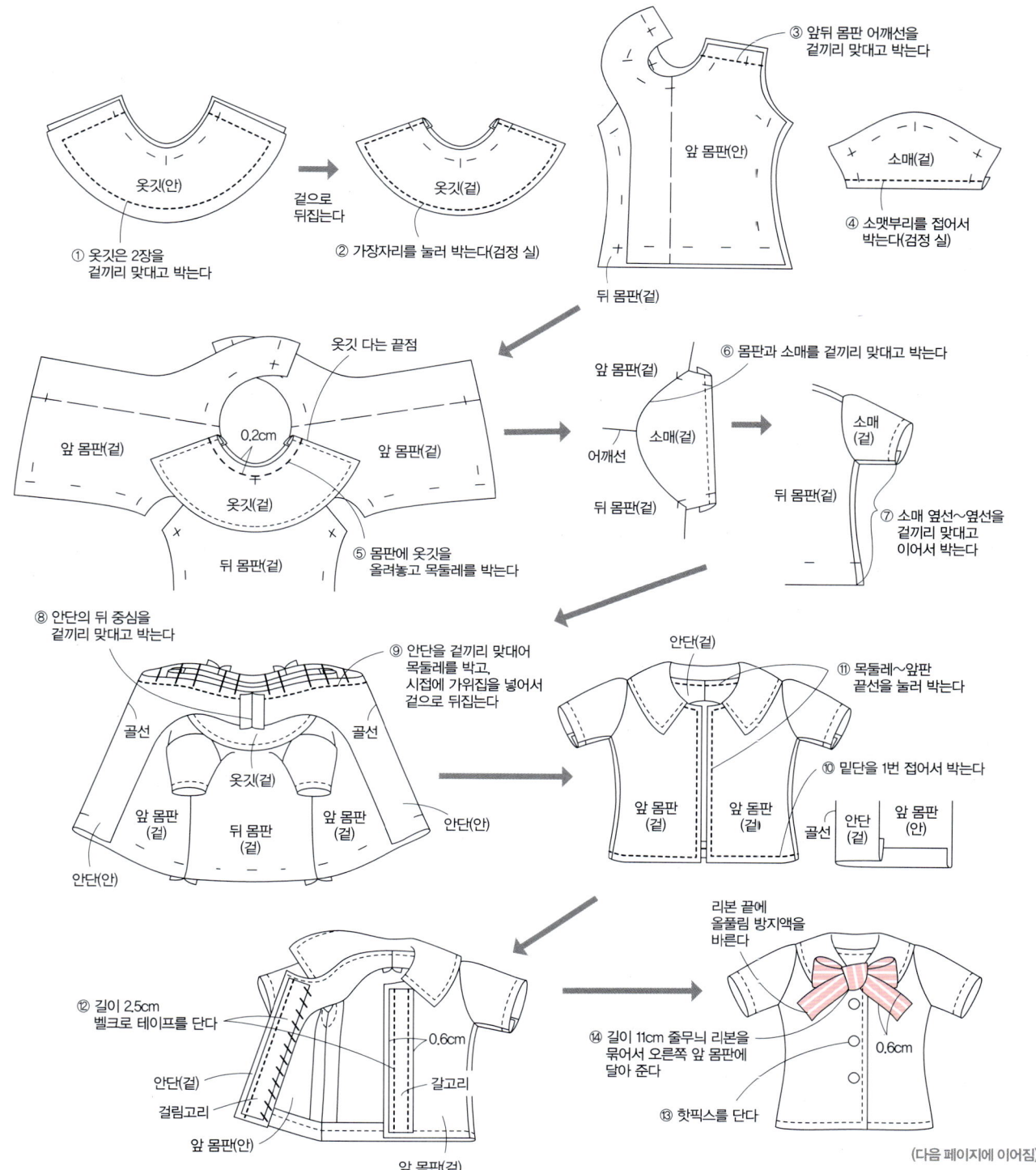

① 옷깃은 2장을 겉끼리 맞대고 박는다

겉으로 뒤집는다

② 가장자리를 눌러 박는다(검정 실)

③ 앞뒤 몸판 어깨선을 겉끼리 맞대고 박는다

앞 몸판(안)

뒤 몸판(겉)

소매(겉)

④ 소맷부리를 접어서 박는다(검정 실)

옷깃 다는 끝점

0.2cm

앞 몸판(겉)

앞 몸판(겉)

옷깃(겉)

뒤 몸판(겉)

⑤ 몸판에 옷깃을 올려놓고 목둘레를 박는다

앞 몸판(겉)

어깨선

소매(겉)

뒤 몸판(겉)

⑥ 몸판과 소매를 겉끼리 맞대고 박는다

소매(겉)

뒤 몸판(겉)

⑦ 소매 옆선~옆선을 겉끼리 맞대고 이어서 박는다

⑧ 안단의 뒤 중심을 겉끼리 맞대고 박는다

골선

골선

옷깃(겉)

앞 몸판(겉)

뒤 몸판(겉)

앞 몸판(겉)

안단(안)

안단(안)

⑨ 안단을 겉끼리 맞대어 목둘레를 박고, 시접에 가위집을 넣어서 겉으로 뒤집는다

안단(겉)

⑪ 목둘레~앞판 끝선을 눌러 박는다

앞 몸판(겉)

앞 몸판(겉)

⑩ 밑단을 1번 접어서 박는다

안단(겉)

골선

앞 몸판(안)

⑫ 길이 2.5cm 벨크로 테이프를 단다

0.6cm

안단(겉)

갈고리

걸림고리

앞 몸판(안)

앞 몸판(겉)

리본 끝에 올풀림 방지액을 바른다

⑭ 길이 11cm 줄무늬 리본을 묶어서 오른쪽 앞 몸판에 달아 준다

0.6cm

⑬ 핫픽스를 단다

(다음 페이지에 이어짐)

29 베레모

원단에 접착심지를 붙인 뒤에 각 부분을 재단한다. 사이드크라운 2장을 맞대어 옆선을 박고 톱크라운과 이어 준다. 그로그랭 리본을 모자 입구에 달고 안쪽으로 접어 넣은 뒤에 리본을 묶어서 모자에 달아 준다.

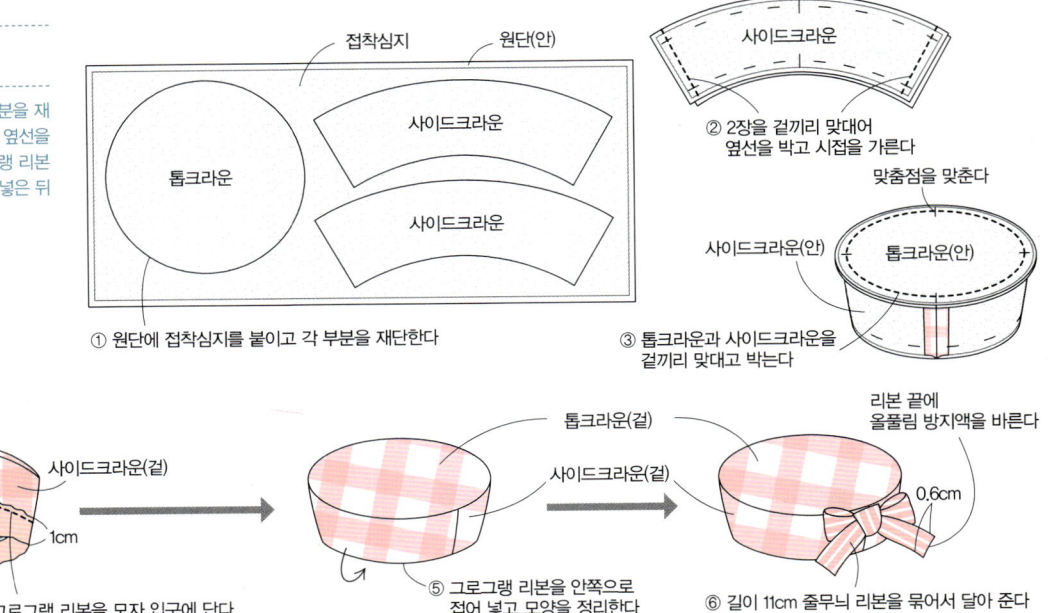

접착심지   원단(안)

톱크라운

사이드크라운

사이드크라운

① 원단에 접착심지를 붙이고 각 부분을 재단한다

사이드크라운

② 2장을 겉끼리 맞대어 옆선을 박고 시접을 가른다

맞춤점을 맞춘다

사이드크라운(안)   톱크라운(안)

③ 톱크라운과 사이드크라운을 겉끼리 맞대고 박는다

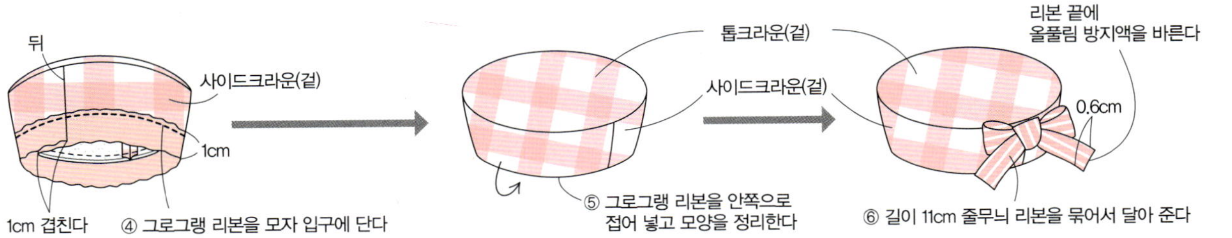

뒤   사이드크라운(겉)

1cm

1cm 겹친다   ④ 그로그랭 리본을 모자 입구에 단다

톱크라운(겉)

사이드크라운(겉)

⑤ 그로그랭 리본을 안쪽으로 접어 넣고 모양을 정리한다

리본 끝에 올풀림 방지액을 바른다

0.6cm

⑥ 길이 11cm 줄무늬 리본을 묶어서 달아 준다

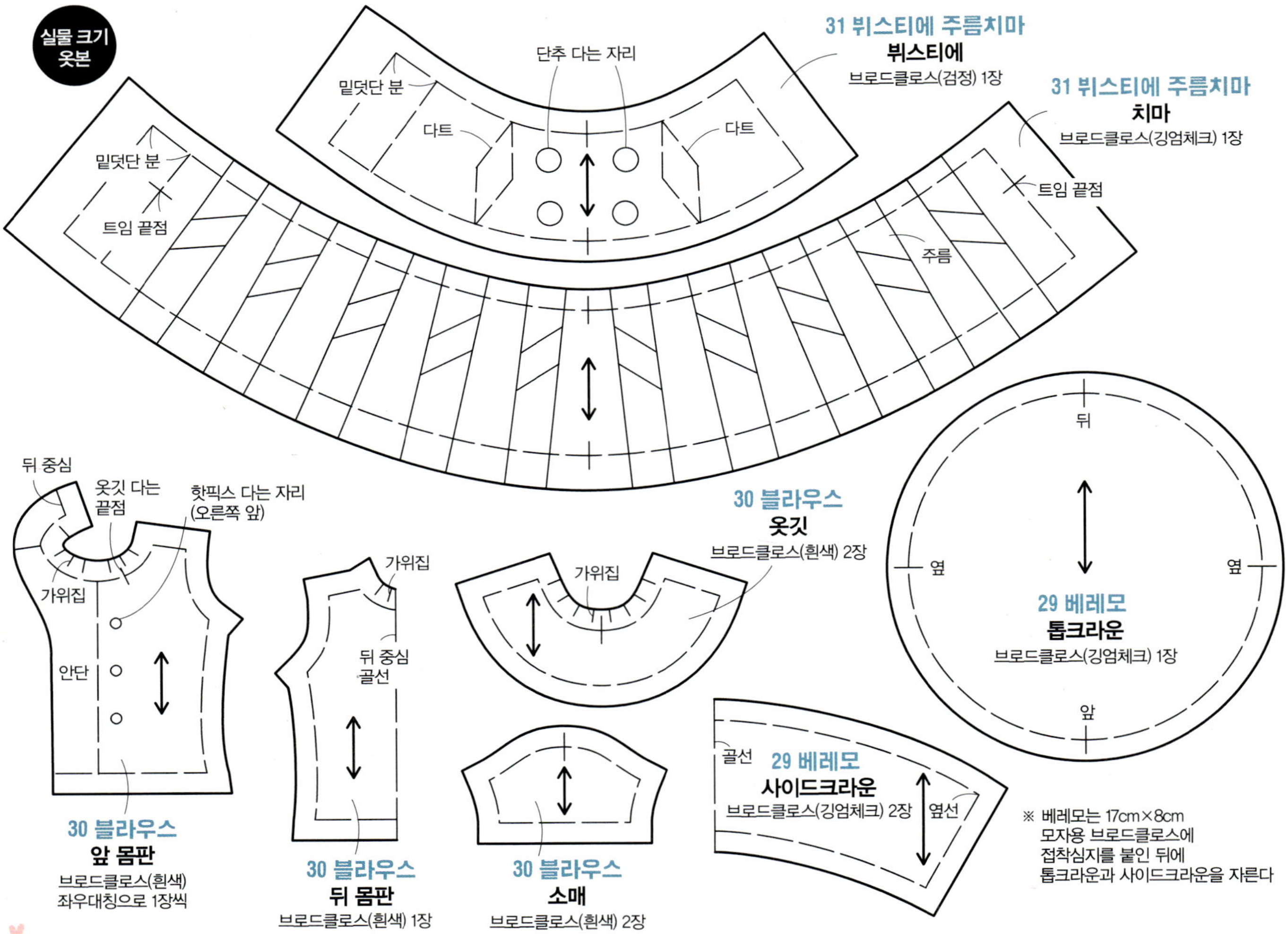

실물 크기 옷본

밑덧단 분

단추 다는 자리

다트   다트

31 뷔스티에 주름치마
뷔스티에
브로드클로스(검정) 1장

31 뷔스티에 주름치마
치마
브로드클로스(깅엄체크) 1장

밑덧단 분

트임 끝점

트임 끝점

주름

뒤 중심

옷깃 다는 끝점

핫픽스 다는 자리
(오른쪽 앞)

가위집

안단

가위집

가위집

뒤 중심 골선

뒤 중심 골선

30 블라우스
옷깃
브로드클로스(흰색) 2장

뒤

옆   옆

29 베레모
톱크라운
브로드클로스(깅엄체크) 1장

앞

30 블라우스
앞 몸판
브로드클로스(흰색)
좌우대칭으로 1장씩

30 블라우스
뒤 몸판
브로드클로스(흰색) 1장

30 블라우스
소매
브로드클로스(흰색) 2장

골선

29 베레모
사이드크라운
브로드클로스(깅엄체크) 2장

옆선

※ 베레모는 17cm×8cm
모자용 브로드클로스에
접착심지를 붙인 뒤에
톱크라운과 사이드크라운을 자른다

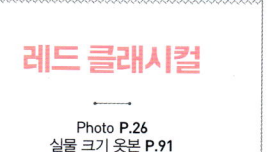

레드 클래시컬

Photo **P.26**
실물 크기 옷본 **P.91**

푸치 브라이스

[재료]

32 클래시컬 프릴 드레스
론(어두운 빨강) 45cm×21cm, 0.6cm 너비 벨크로 테이프 1cm

32 클래시컬 프릴 드레스

치마의 프릴 다는 자리에 원단용 수성펜으로 표시하고 치맛단을 접어서 박는다. 잔주름을 잡은 치마 프릴을 단 뒤에 허리에 잔주름을 잡아 둔다. 겉 몸판과 치마를 잇고 안 몸판과 겉끼리 맞대어 위쪽을 박은 뒤에 겉으로 뒤집어 겉 몸판 허리를 눌러 박는다. 주름을 잡은 몸판 프릴을 몸판에 달고 뒤판 끝선을 트임 끝점까지 박은 뒤에 벨크로 테이프를 단다. 홀터넥 리본은 겉끼리 맞닿게 접어서 통 모양이 되도록 박고 끈 뒤집개 등을 이용하여 겉으로 뒤집는다. 양 끝 시접을 접어 넣어 감치고 반으로 접어서 몸판 앞 중심 안쪽에 단다. 가슴 리본은 위 리본과 아래 리본을 각각 겉끼리 맞닿게 접어서 창구멍을 남기고 박아서 솔기가 가운데로 오게 접어 양쪽을 박는다. 겉으로 뒤집어 위 리본과 아래 리본을 겹쳐서 꿰매어 잡아당기고, 통 모양으로 박은 리본 중심으로 감아서 감친 뒤에 몸판 앞 중심에 달아 준다.
※ 천 가장자리에 올풀림 방지액을 발라 둔다.

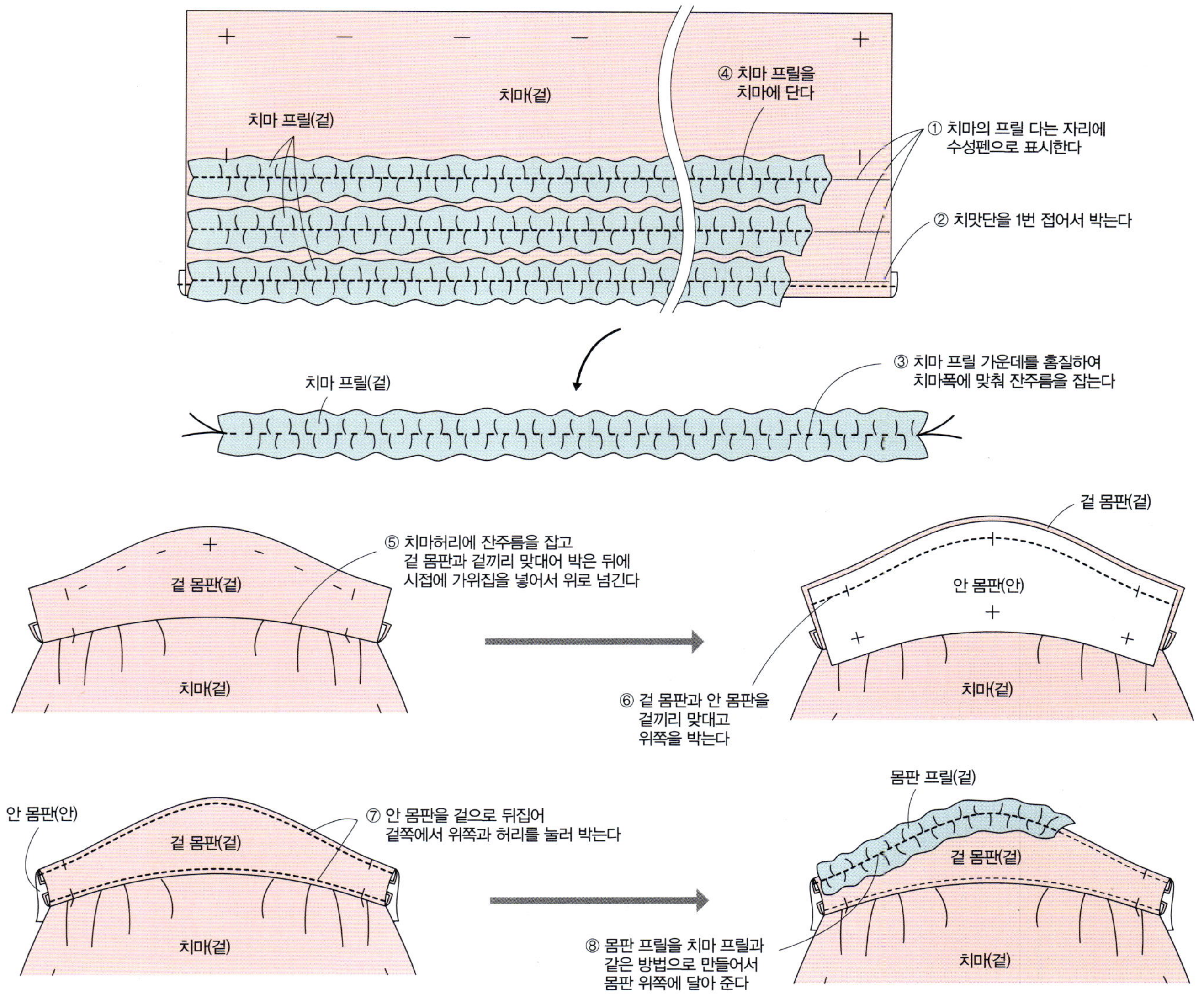

+ − − − +

치마(겉)

④ 치마 프릴을
치마에 단다

치마 프릴(겉)

① 치마의 프릴 다는 자리에
수성펜으로 표시한다

② 치맛단을 1번 접어서 박는다

치마 프릴(겉)

③ 치마 프릴 가운데를 홈질하여
치마폭에 맞춰 잔주름을 잡는다

겉 몸판(겉)

⑤ 치마허리에 잔주름을 잡고
겉 몸판과 겉끼리 맞대어 박은 뒤에
시접에 가위집을 넣어서 위로 넘긴다

치마(겉)

겉 몸판(겉)

안 몸판(안)

치마(겉)

⑥ 겉 몸판과 안 몸판을
겉끼리 맞대고
위쪽을 박는다

안 몸판(안)

겉 몸판(겉)

⑦ 안 몸판을 겉으로 뒤집어
겉쪽에서 위쪽과 허리를 눌러 박는다

치마(겉)

몸판 프릴(겉)

겉 몸판(겉)

치마(겉)

⑧ 몸판 프릴을 치마 프릴과
같은 방법으로 만들어서
몸판 위쪽에 달아 준다

(다음 페이지에 이어짐)

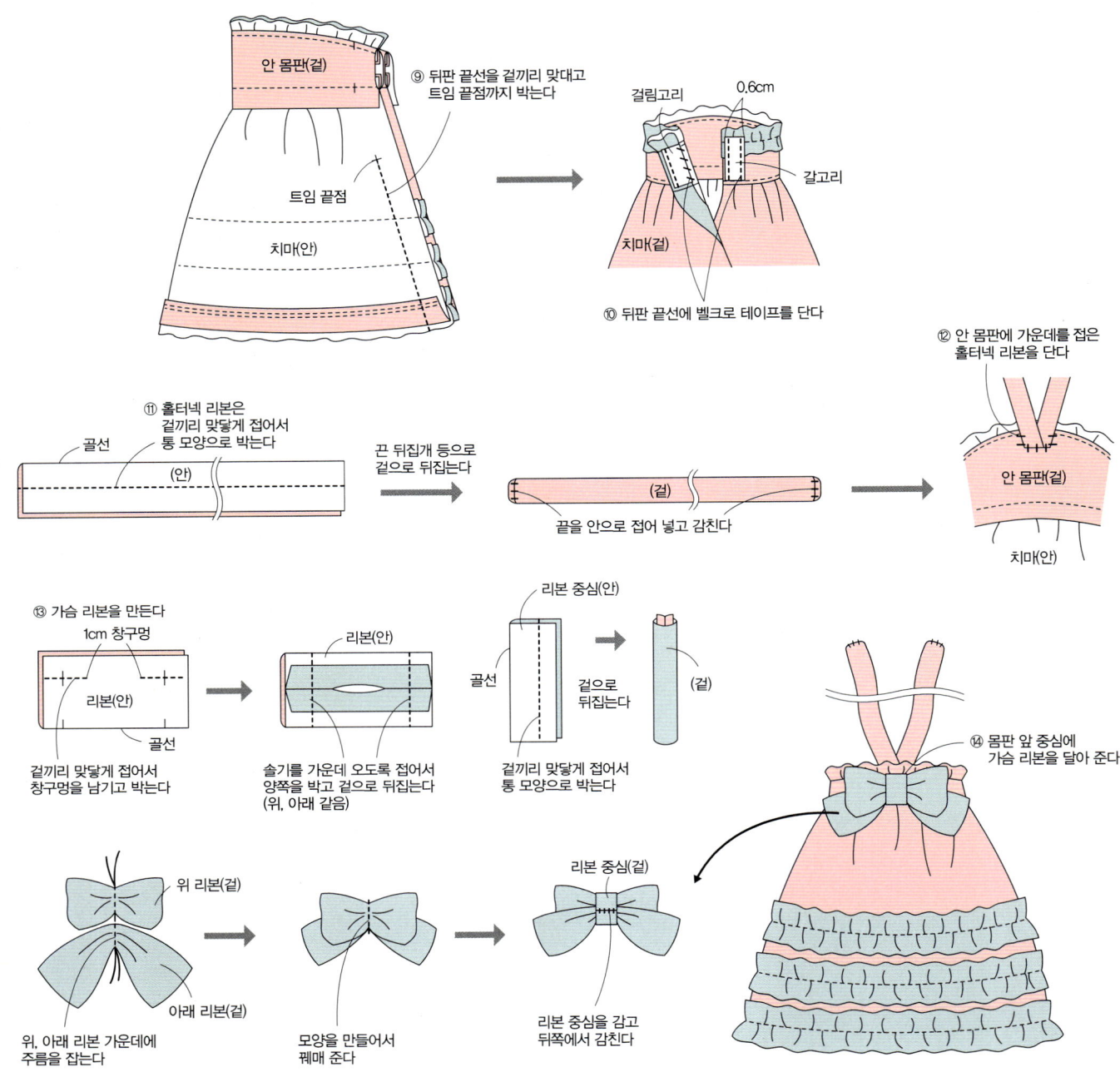

안 몸판(겉)

⑨ 뒤판 끝선을 겉끼리 맞대고 트임 끝점까지 박는다

트임 끝점

치마(안)

걸림고리

0.6cm

갈고리

치마(겉)

⑩ 뒤판 끝선에 벨크로 테이프를 단다

⑫ 안 몸판에 가운데를 접은 홀터넥 리본을 단다

⑪ 홀터넥 리본은 겉끼리 맞닿게 접어서 통 모양으로 박는다

골선

(안)

끈 뒤집개 등으로 겉으로 뒤집는다

(겉)

끝을 안으로 접어 넣고 감친다

안 몸판(겉)

치마(안)

⑬ 가슴 리본을 만든다

1cm 창구멍

리본(안)

골선

겉끼리 맞닿게 접어서 창구멍을 남기고 박는다

리본(안)

솔기를 가운데 오도록 접어서 양쪽을 박고 겉으로 뒤집는다 (위, 아래 같음)

리본 중심(안)

골선

겉으로 뒤집는다

(겉)

겉끼리 맞닿게 접어서 통 모양으로 박는다

⑭ 몸판 앞 중심에 가슴 리본을 달아 준다

위 리본(겉)

아래 리본(겉)

위, 아래 리본 가운데에 주름을 잡는다

모양을 만들어서 꿰매 준다

리본 중심(겉)

리본 중심을 감고 뒤쪽에서 감친다

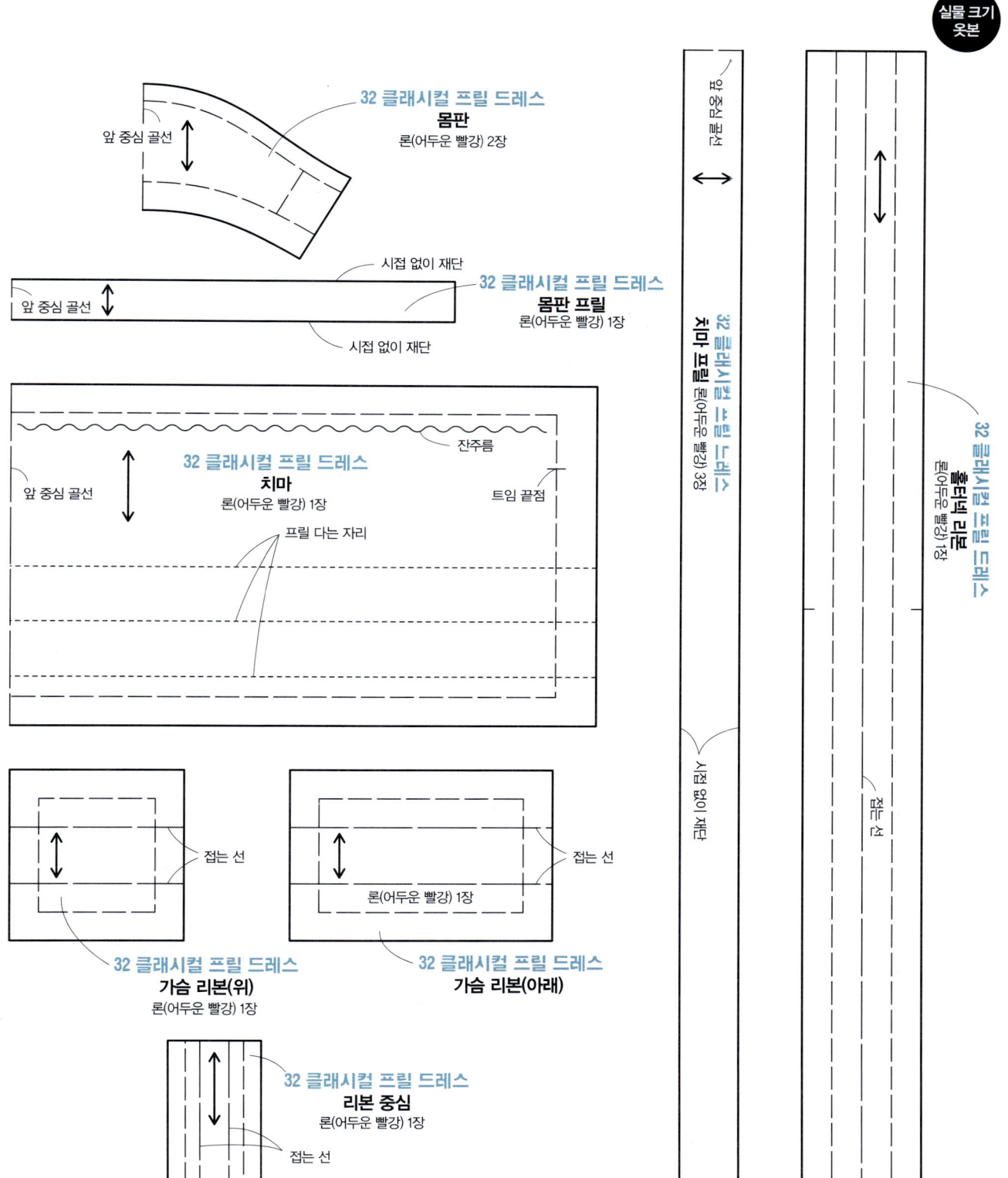

32 클래시컬 프릴 드레스
몸판
론(어두운 빨강) 2장

앞 중심 골선

32 클래시컬 프릴 드레스
몸판 프릴
론(어두운 빨강) 1장

앞 중심 골선

시접 없이 재단

시접 없이 재단

32 클래시컬 프릴 드레스
치마
론(어두운 빨강) 1장

앞 중심 골선

잔주름

트임 끝점

프릴 다는 자리

32 클래시컬 프릴 드레스
가슴 리본(위)
론(어두운 빨강) 1장

접는 선

32 클래시컬 프릴 드레스
가슴 리본(아래)
론(어두운 빨강) 1장

접는 선

32 클래시컬 프릴 드레스
리본 중심
론(어두운 빨강) 1장

접는 선

실물 크기 옷본

앞 중심 골선

32 클래시컬 프릴 드레스
치마 프릴 론(어두운 빨강) 3장

시접 없이 재단

32 클래시컬 프릴 드레스
홀터넥 리본 론(어두운 빨강) 1장

접는 선

91

캣×캣

Photo **P.28**
실물 크기 옷본 **P.94**

[재료]

33 고양이 티셔츠
얇은 니트 원단 20cm×7cm, 얇은 벨크로 테이프(凸) 1.2cm 너비·(凹) 0.7cm 너비 5cm씩, 인형 머리카락, 스팽글, 고양이 전사프린트나 아플리케 조금

34 고양이 청바지
레이온 데님(검정) 25cm×15cm, 얇은 합성피혁(검정) 6cm×5cm, 핫픽스 지름 0.2cm 2개, 지름 0.3cm 1개, 나뭇잎 모양 라인스톤 4개, 똑딱단추 소 1쌍, 자수실 조금

33 고양이 티셔츠

앞뒤 몸판 어깨선을 잇고 목둘레와 소맷부리를 접어서 박는다. 옆선을 잇고 밑단을 접어서 박아 준다. 뒤판 끝선에 벨크로 테이프를 달고 앞쪽에 고양이 전사프린트로 무늬를 넣은 뒤에 인형 머리카락과 스팽글을 달아 준다.

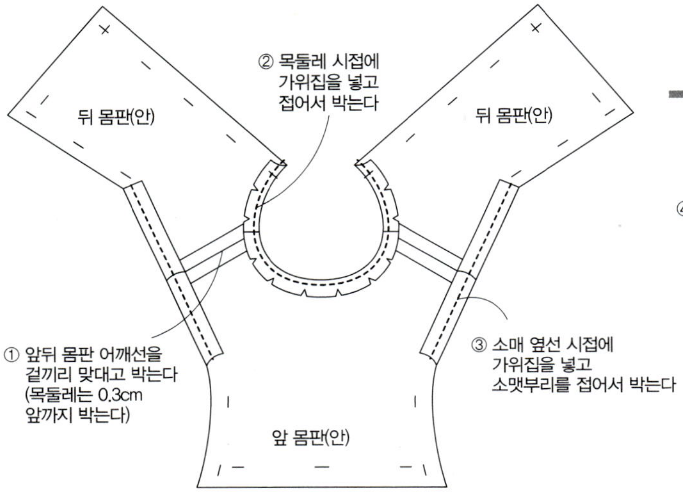

뒤 몸판(안)

② 목둘레 시접에
가위집을 넣고
접어서 박는다

뒤 몸판(안)

① 앞뒤 몸판 어깨선을
겉끼리 맞대고 박는다
(목둘레는 0.3cm
앞까지 박는다)

③ 소매 옆선 시접에
가위집을 넣고
소맷부리를 접어서 박는다

앞 몸판(안)

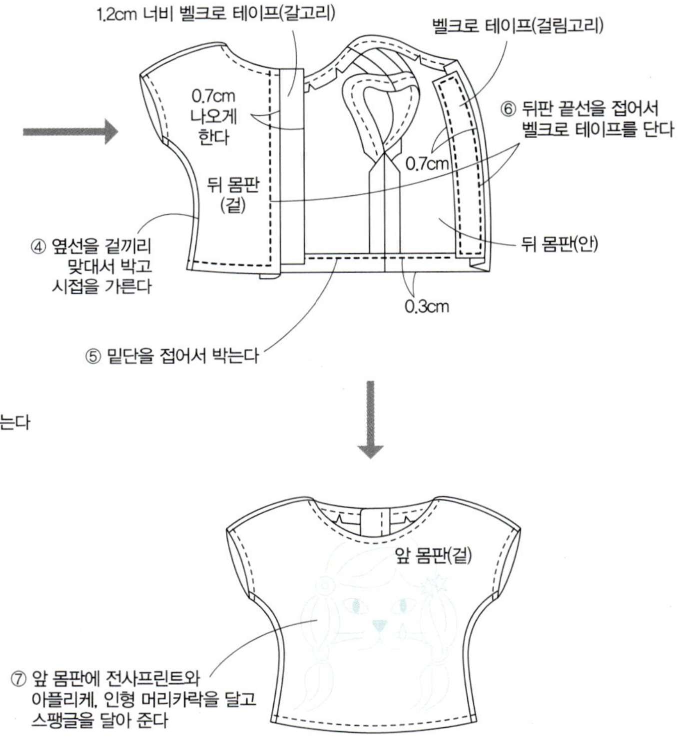

1.2cm 너비 벨크로 테이프(갈고리)

벨크로 테이프(걸림고리)

0.7cm
나오게
한다

⑥ 뒤판 끝선을 접어서
벨크로 테이프를 단다

뒤 몸판(겉)

0.7cm

④ 옆선을 겉끼리
맞대서 박고
시접을 가른다

뒤 몸판(안)

0.3cm

⑤ 밑단을 접어서 박는다

앞 몸판(겉)

⑦ 앞 몸판에 전사프린트와
아플리케, 인형 머리카락을 달고
스팽글을 달아 준다

34 고양이 청바지

바지 뒤판에 장식 스티치를 한다. 바지 위 앞판과 아래 앞판을 맞대고 합성피혁으로 만든 고양이 귀를 끼워서 박은 뒤에 눌러 박는다. 앞주머니 입구를 접어서 박고 주머니 밑판을 단 뒤에 왼쪽 앞에 장식 스티치를 한다. 바지 앞뒤판의 옆선을 잇고 눌러 박은 뒤에 바짓단을 접어서 박고 주머니를 단다. 앞판 밑위를 잇고 눌러 박은 뒤에 허릿단을 단다. 뒤판 밑위를 트임 끝점까지 박고 밑아래를 잇는다. 허릿단 끝에 똑딱단추를 달고 핫픽스를 붙인 뒤에 라인스톤을 붙여서 고양이 눈을 만든다.

※ 천 가장자리에 올풀림 방지액을 발라 둔다.

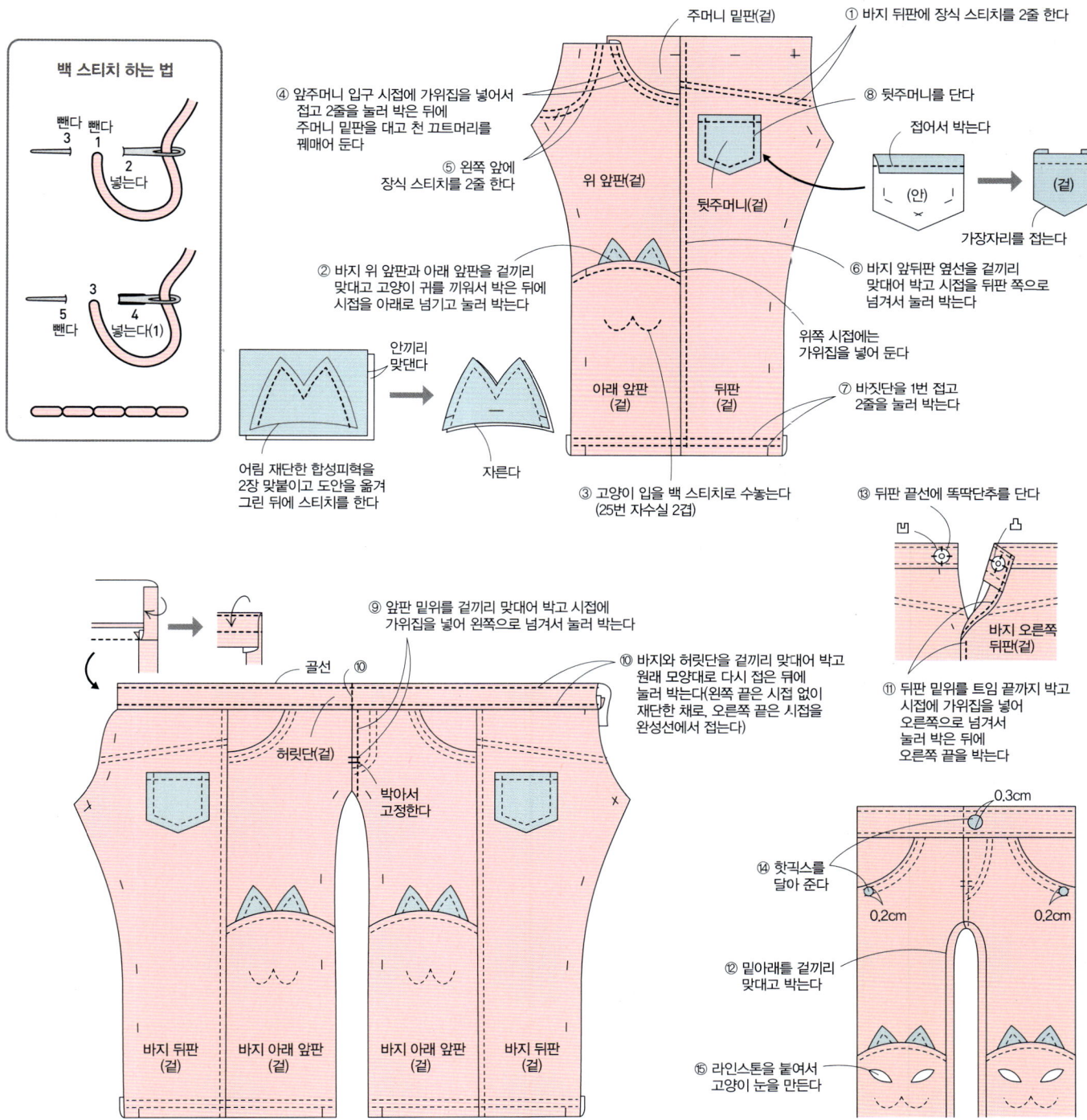

백 스티치 하는 법

뺀다 ③ 뺀다 ①
② 넣는다

③
⑤ 뺀다   ④ 넣는다(1)

④ 앞주머니 입구 시접에 가위집을 넣어서 접고 2줄을 눌러 박은 뒤에 주머니 밑판을 대고 천 끄트머리를 꿰매어 둔다

⑤ 왼쪽 앞에 장식 스티치를 2줄 한다

② 바지 위 앞판과 아래 앞판을 겉끼리 맞대고 고양이 귀를 끼워서 박은 뒤에 시접을 아래로 넘기고 눌러 박는다

안끼리 맞댄다

어림 재단한 합성피혁을 2장 맞붙이고 도안을 옮겨 그린 뒤에 스티치를 한다

자른다

③ 고양이 입을 백 스티치로 수놓는다 (25번 자수실 2겹)

주머니 밑판(겉)

위 앞판(겉)

뒷주머니(겉)

아래 앞판 (겉)

뒤판 (겉)

① 바지 뒤판에 장식 스티치를 2줄 한다

⑧ 뒷주머니를 단다

접어서 박는다

(안)   (겉)

가장자리를 접는다

⑥ 바지 앞뒤판 옆선을 겉끼리 맞대어 박고 시접을 뒤판 쪽으로 넘겨서 눌러 박는다

위쪽 시접에는 가위집을 넣어 둔다

⑦ 바짓단을 1번 접고 2줄을 눌러 박는다

골선

⑨ 앞판 밑위를 겉끼리 맞대어 박고 시접에 가위집을 넣어 왼쪽으로 넘겨서 눌러 박는다

⑩ 바지와 허릿단을 겉끼리 맞대어 박고 원래 모양대로 다시 접은 뒤에 눌러 박는다(왼쪽 끝은 시접 없이 재단한 채로, 오른쪽 끝은 시접을 완성선에서 접는다)

골선 ⑩

허릿단(겉)

박아서 고정한다

바지 뒤판 (겉)   바지 아래 앞판 (겉)   바지 아래 앞판 (겉)   바지 뒤판 (겉)

⑬ 뒤판 끝선에 똑딱단추를 단다

바지 오른쪽 뒤판(겉)

⑪ 뒤판 밑위를 트임 끝까지 박고 시접에 가위집을 넣어 오른쪽으로 넘겨서 눌러 박은 뒤에 오른쪽 끝을 박는다

0.3cm

⑭ 핫픽스를 달아 준다

0.2cm   0.2cm

⑫ 밑아래를 겉끼리 맞대고 박는다

⑮ 라인스톤을 붙여서 고양이 눈을 만든다

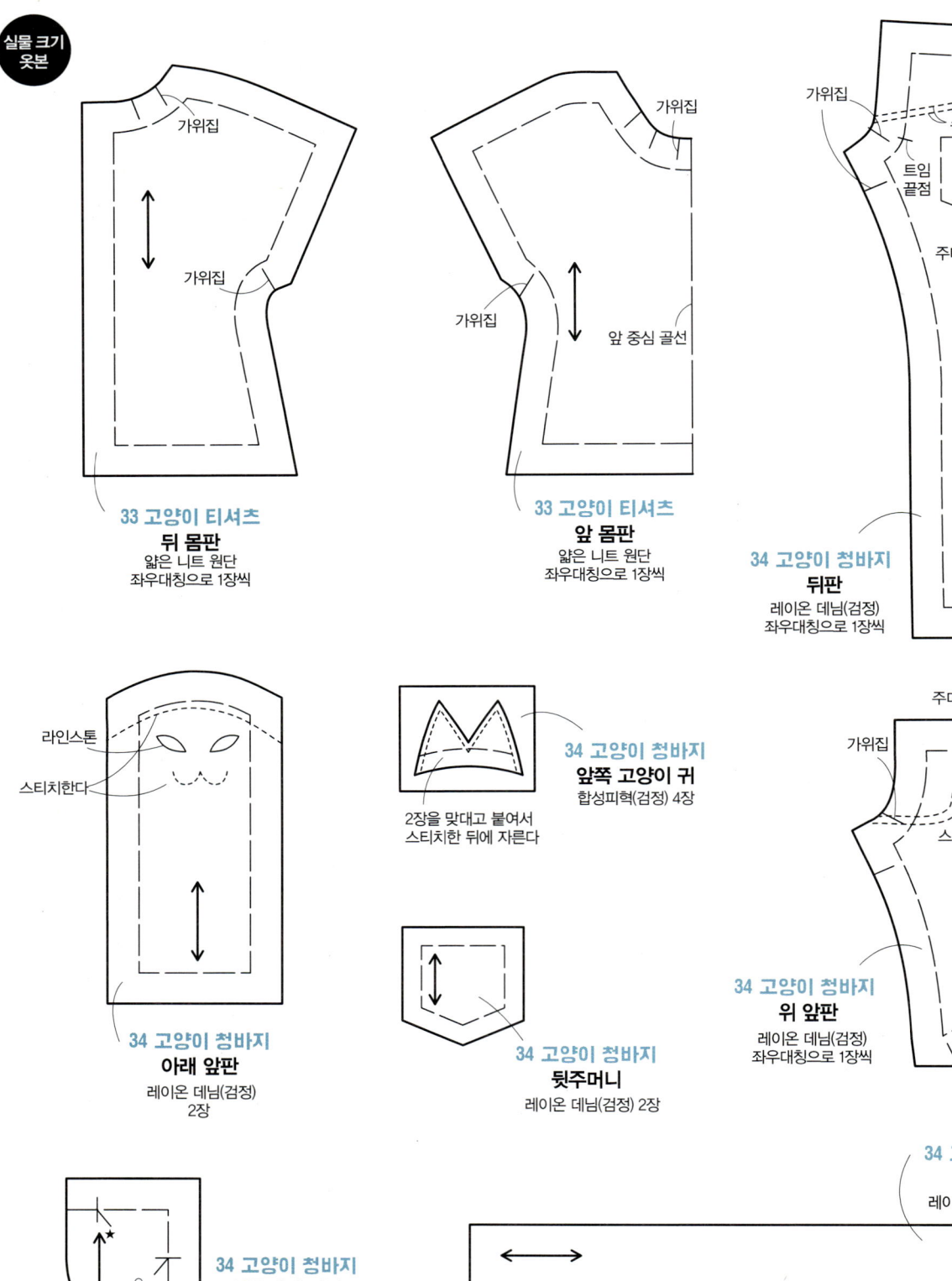

33 고양이 티셔츠
뒤 몸판
얇은 니트 원단
좌우대칭으로 1장씩

가위집
가위집

33 고양이 티셔츠
앞 몸판
얇은 니트 원단
좌우대칭으로 1장씩

가위집
가위집
앞 중심 골선

가위집
스티치한다
트임
끝점
주머니 다는 자리

34 고양이 청바지
뒤판
레이온 데님(검정)
좌우대칭으로 1장씩

라인스톤
스티치한다

34 고양이 청바지
아래 앞판
레이온 데님(검정)
2장

2장을 맞대고 붙여서
스티치한 뒤에 자른다

34 고양이 청바지
앞쪽 고양이 귀
합성피혁(검정) 4장

34 고양이 청바지
뒷주머니
레이온 데님(검정) 2장

주머니 입구
가위집
가위집
★
스티치한다
가위집

34 고양이 청바지
위 앞판
레이온 데님(검정)
좌우대칭으로 1장씩

★

34 고양이 청바지
앞주머니 밑판
레이온 데님(검정)
좌우대칭으로 1장씩

34 고양이 청바지
허릿단
레이온 데님(검정) 1장

똑딱단추 다는 자리(안쪽)
똑딱단추 다는 자리(바깥쪽)

미디 브라이스

할로윈 룩

Photo P.30
실물 크기 옷본 P.98

[재료]

35 점퍼
실크 새틴(핑크베이지) 30cm×15cm, 지름 0.2cm 핫픽스 7개, 지름 0.2cm 펄 비즈(핑크베이지) 12개, 전사프린트나
아플리케 조금

36 민소매 원피스
면 새틴(눈동자 리본 무늬) 22cm×15cm, 0.7cm 너비 레이스(흰색) 45cm, 0.5cm 너비 스웨이드 리본(검정) 8cm,
0.9cm 너비 새틴 리본(물방울무늬) 5cm, 지름 0.5cm 인형 눈 1개, 똑딱단추 소 2쌍

37 양말
망사 스타킹 원단(검정) 8cm×6cm, 0.8cm 스판 레이스(검정) 8cm

---

35 점퍼

몸판 어깨선을 잇고, 커프스를 단 소매를 몸판에 단다. 옷깃을 만들어서 몸판에 달아 준다. 옆선을 잇고 허릿단을 단다. 핫픽스를 오른쪽 앞판
끝선과 커프스에 달고, 리본을 만들어서 앞 몸판에 펄 비즈를 걸쳐서 달아 준다. 취향대로 등판에 전사프린트를 하거나 아플리케를 단다.
※ 천 가장자리에 올풀림 방지액을 발라 둔다.

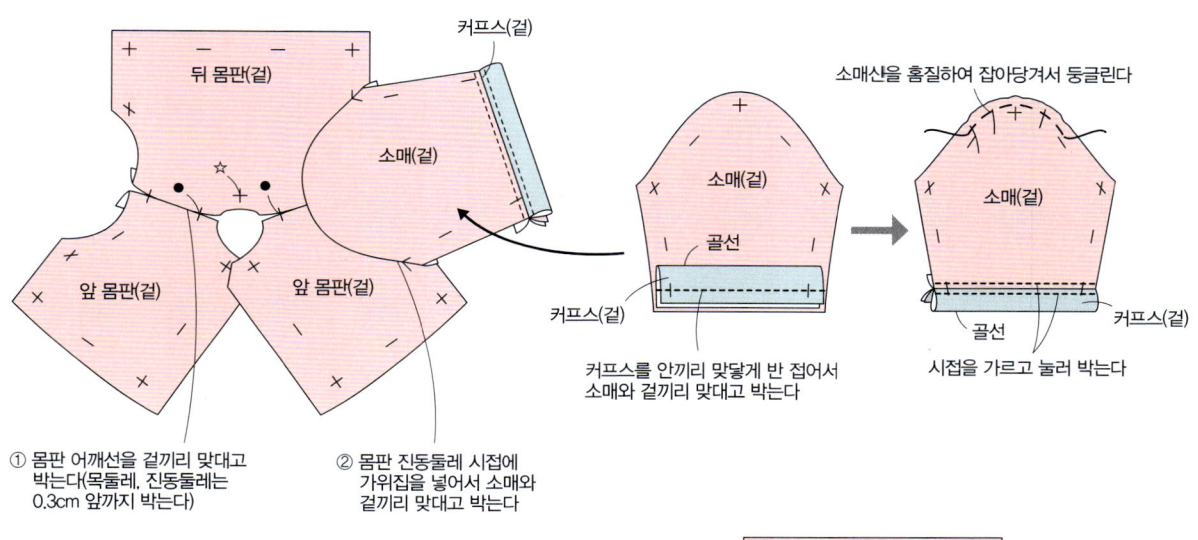

① 몸판 어깨선을 겉끼리 맞대고
박는다(목둘레, 진동둘레는
0.3cm 앞까지 박는다)

② 몸판 진동둘레 시접에
가위집을 넣어서 소매와
겉끼리 맞대고 박는다

커프스를 안끼리 맞닿게 반 접어서
소매와 겉끼리 맞대고 박는다

소매산을 홈질하여 잡아당겨서 둥글린다

시접을 가르고 눌러 박는다

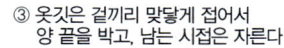

③ 옷깃은 겉끼리 맞닿게 접어서
양 끝을 박고, 남는 시접은 자른다

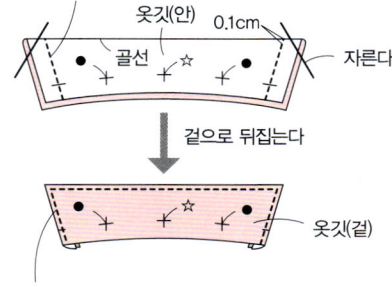

겉으로 뒤집는다

④ 가장자리를 눌러 박는다

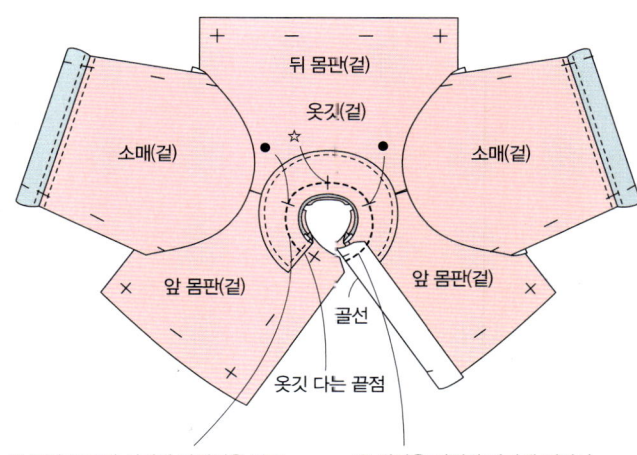

⑤ 몸판 목둘레 시접에 가위집을 넣고
옷깃을 옷깃 다는 끝점에
맞춰서 박는다

⑥ 안단을 겉끼리 맞닿게 접어서
옷깃을 끼워서 박는다

(다음 페이지에 이어짐)

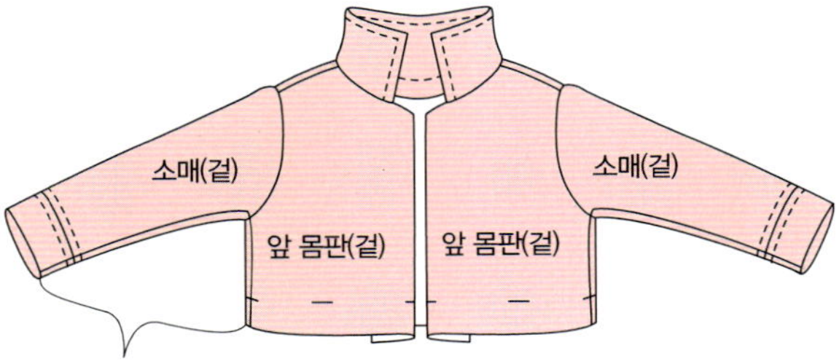

⑦ 소맷부리에서 밑단까지 겉끼리
　맞대어 박고, 소매 옆선에 가위집을 넣어서
　시접을 가르고 겉으로 뒤집는다

소매(겉)　　소매(겉)

앞 몸판(겉)　앞 몸판(겉)

⑧ 허릿단은 겉끼리 맞닿게 접어서 양 끝을 박는다

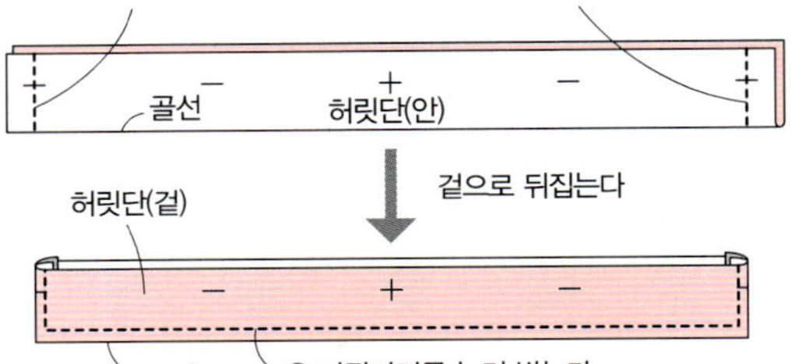

골선　　　　허릿단(안)

허릿단(겉)　　　겉으로 뒤집는다

골선　　⑨ 가장자리를 눌러 박는다

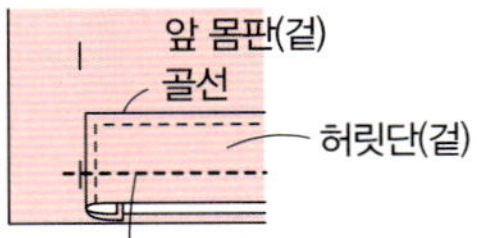

앞 몸판(겉)
골선
　　　　　허릿단(겉)

골선

앞 몸판(겉)
골선
　　　　　허릿단(겉)

⑩ 몸판과 허릿단을
　겉끼리 맞대고 박는다

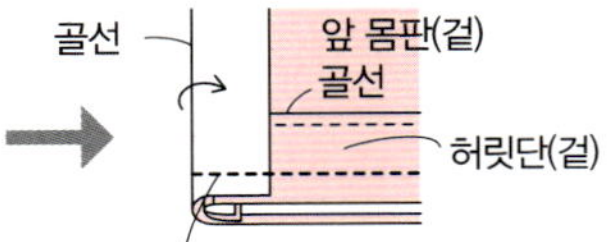

⑪ 안단을 겉끼리 맞닿게 접고
　허릿단을 끼워서 박는다

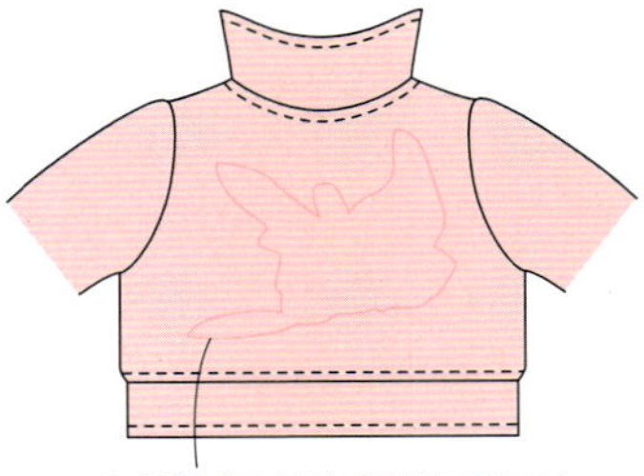

⑮ 취향대로 등판에 전사프린트나
　아플리케를 해 준다

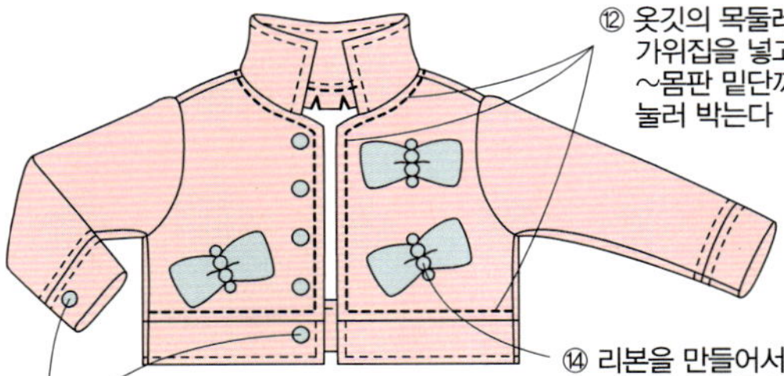

⑫ 옷깃의 목둘레 쪽 시접에
　가위집을 넣고 목둘레~앞판 끝선
　~몸판 밑단까지 이어서
　눌러 박는다

⑭ 리본을 만들어서 가운데에
　펄 비즈 4개를 걸쳐서
　몸판에 달아 준다

⑬ 앞판 끝선과 커프스에 핫픽스를 단다

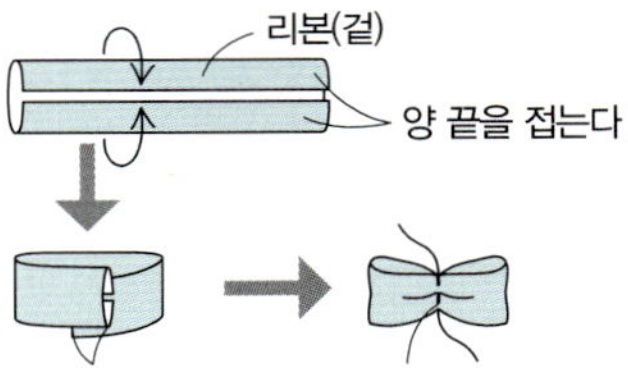

리본(겉)
　　　　양 끝을 접는다

0.5cm 겹친다　가운데를 꿰매어 조른다

37 양말

양말목 입구에 스판 레이스를 달고 겉끼리
맞닿게 접어서 박는다.

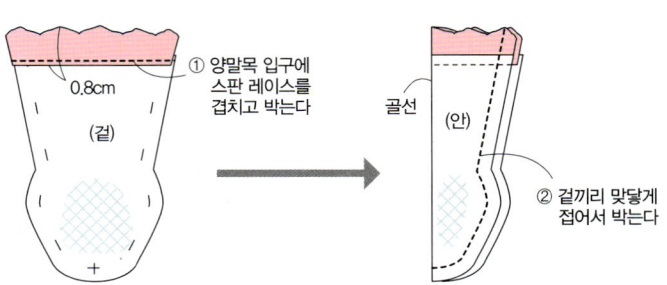

0.8cm

(겉)

① 양말목 입구에
　스판 레이스를
　겹치고 박는다

골선

(안)

② 겉끼리 맞닿게
　접어서 박는다

36 민소매 원피스

앞 몸판 다트를 박고 앞뒤 몸판 어깨선을 잇는다. 목둘레와 진동둘레 시접에 가위집을 넣어서 접고 레이스를 겹쳐서 박은 뒤에 옆선을 잇는다. 치맛단을 접어서 레이스를 겹치고 박는다. 허리에 잔주름을 잡아서 몸판과 잇고, 치마 뒤판 끝선을 트임 끝점까지 박고 뒤판 끝선에 똑딱단추를 단다. 허리에 리본을 감고, 눈동자 리본을 만들어서 허리 앞 중심에 달아 준다.

※ 천 가장자리에 올풀림 방지액을 발라 둔다.

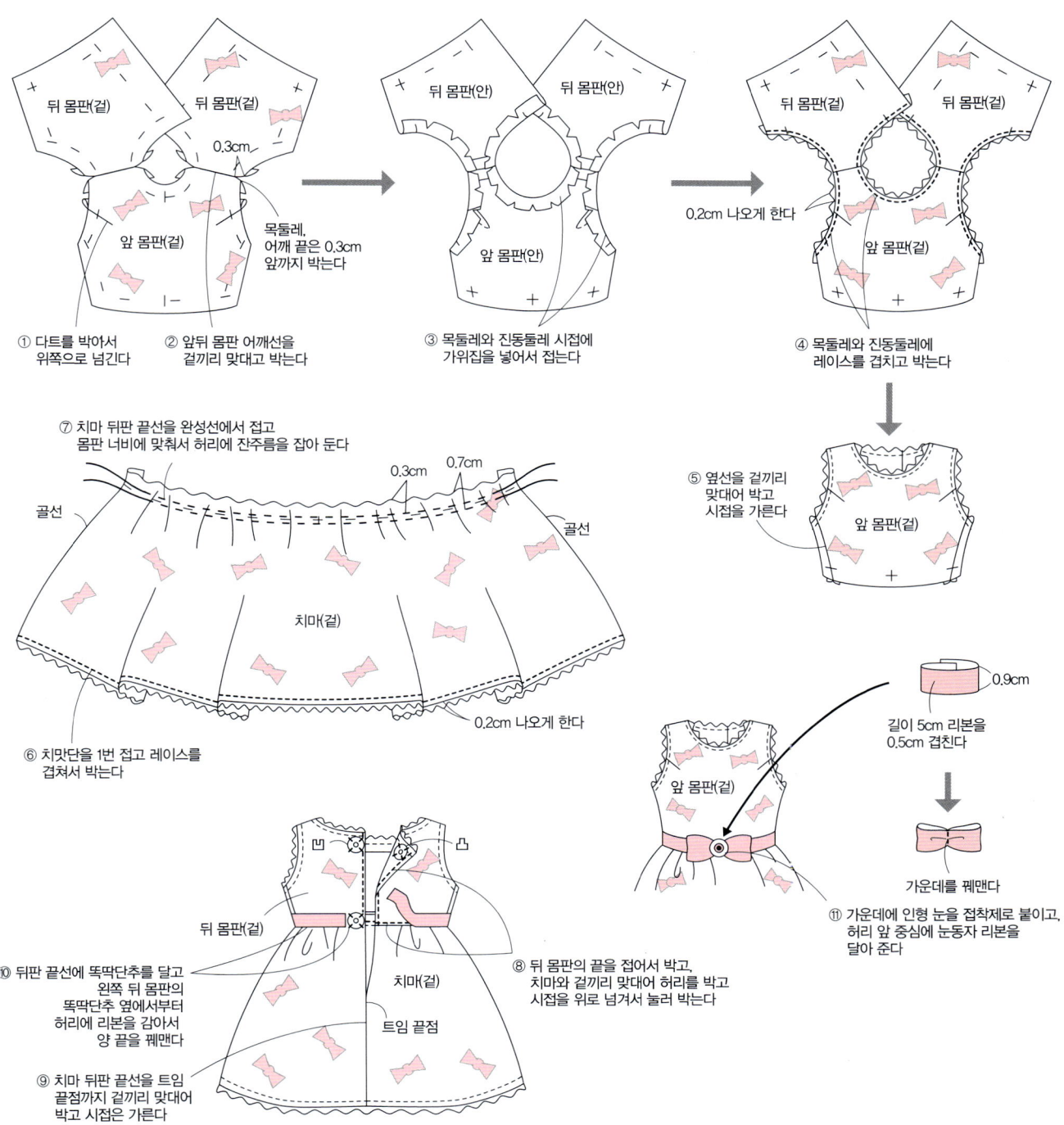

뒤 몸판(겉)   뒤 몸판(겉)
0.3cm
앞 몸판(겉)
목둘레,
어깨 끝은 0.3cm
앞까지 박는다
① 다트를 박아서 위쪽으로 넘긴다
② 앞뒤 몸판 어깨선을 겉끼리 맞대고 박는다

뒤 몸판(안)   뒤 몸판(안)
앞 몸판(안)
③ 목둘레와 진동둘레 시접에 가위집을 넣어서 접는다

뒤 몸판(겉)   뒤 몸판(겉)
0.2cm 나오게 한다
앞 몸판(겉)
④ 목둘레와 진동둘레에 레이스를 겹치고 박는다

⑤ 옆선을 겉끼리 맞대어 박고 시접을 가른다
앞 몸판(겉)

⑦ 치마 뒤판 끝선을 완성선에서 접고 몸판 너비에 맞춰서 허리에 잔주름을 잡아 둔다
0.3cm   0.7cm
골선   골선
치마(겉)
0.2cm 나오게 한다
⑥ 치맛단을 1번 접고 레이스를 겹쳐서 박는다

0.9cm
길이 5cm 리본을 0.5cm 겹친다
가운데를 꿰맨다
앞 몸판(겉)
⑪ 가운데에 인형 눈을 접착제로 붙이고, 허리 앞 중심에 눈동자 리본을 달아 준다

뒤 몸판(겉)
치마(겉)
트임 끝점
⑩ 뒤판 끝선에 똑딱단추를 달고 왼쪽 뒤 몸판의 똑딱단추 옆에서부터 허리에 리본을 감아서 양 끝을 꿰맨다
⑨ 치마 뒤판 끝선을 트임 끝점까지 겉끼리 맞대어 박고 시접은 가른다
⑧ 뒤 몸판의 끝을 접어서 박고, 치마와 겉끼리 맞대어 허리를 박고 시접을 위로 넘겨서 눌러 박는다

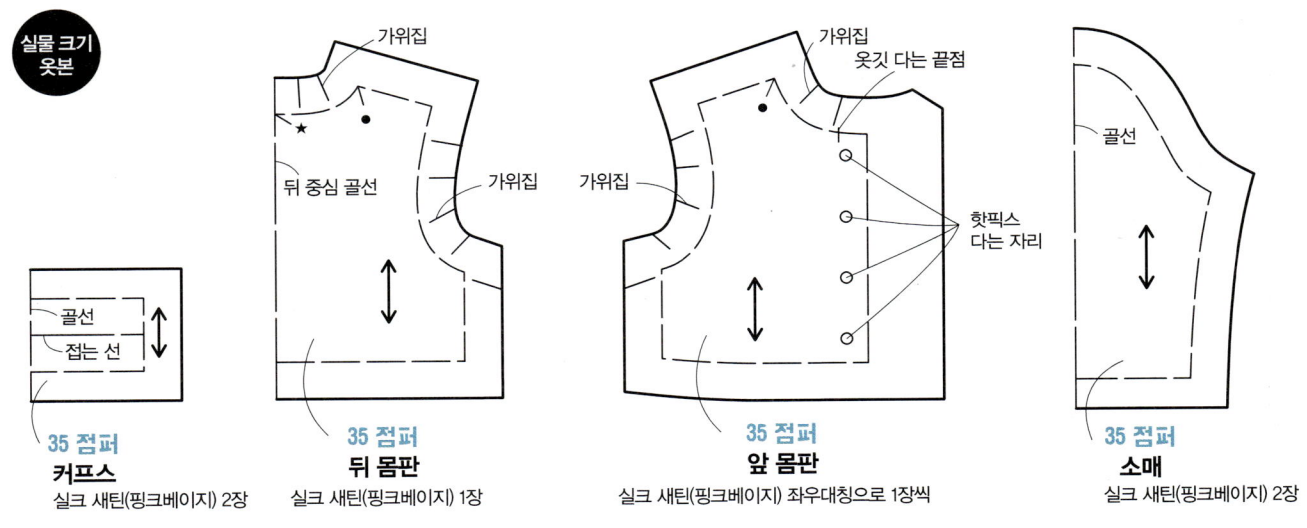

가위집

35 점퍼
커프스
실크 새틴(핑크베이지) 2장

골선
접는 선

뒤 중심 골선
가위집

35 점퍼
뒤 몸판
실크 새틴(핑크베이지) 1장

가위집
옷깃 다는 끝점
가위집
핫픽스
다는 자리

35 점퍼
앞 몸판
실크 새틴(핑크베이지) 좌우대칭으로 1장씩

골선

35 점퍼
소매
실크 새틴(핑크베이지) 2장

골선

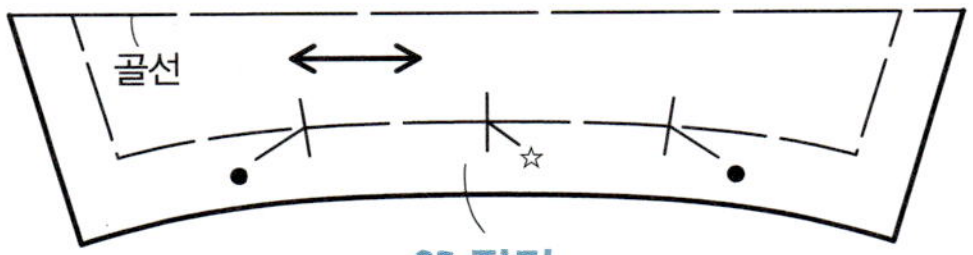

35 점퍼
옷깃
실크 새틴(핑크베이지) 1장

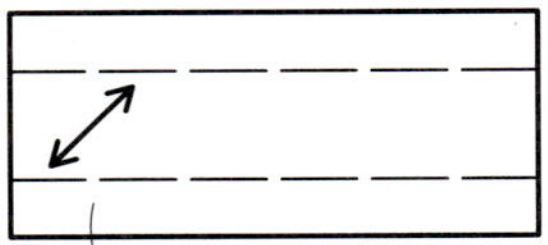

35 점퍼
리본
실크 새틴(핑크베이지) 3장

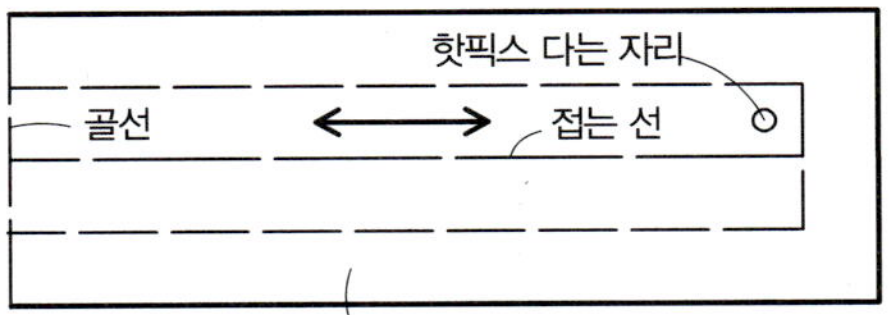

핫픽스 다는 자리
골선   접는 선

35 점퍼
허릿단
실크 새틴(핑크베이지) 1장

가위집
가위집
다트

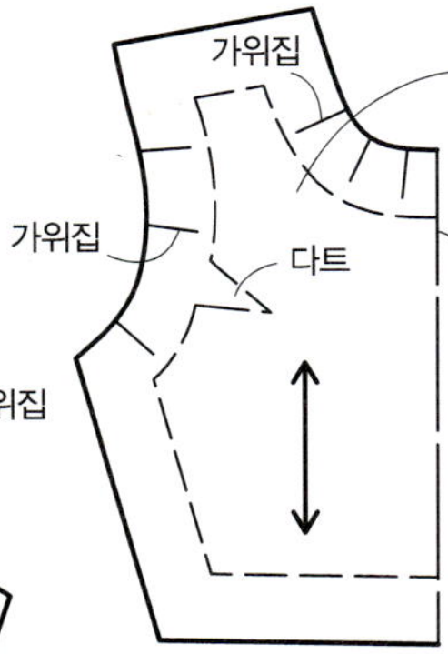

36 민소매 원피스
앞 몸판
면 새틴
(눈동자 리본 무늬)
1장
앞 중심 골선

가위집
가위집
가위집
똑딱단추 다는 자리

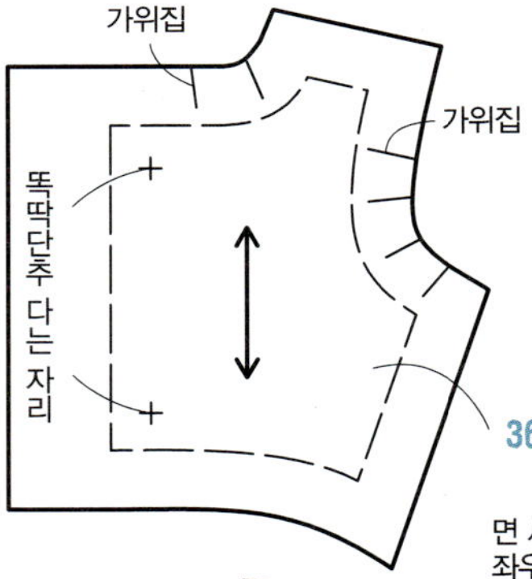

36 민소매 원피스
뒤 몸판
면 새틴(눈동자 리본 무늬)
좌우대칭으로 1장씩

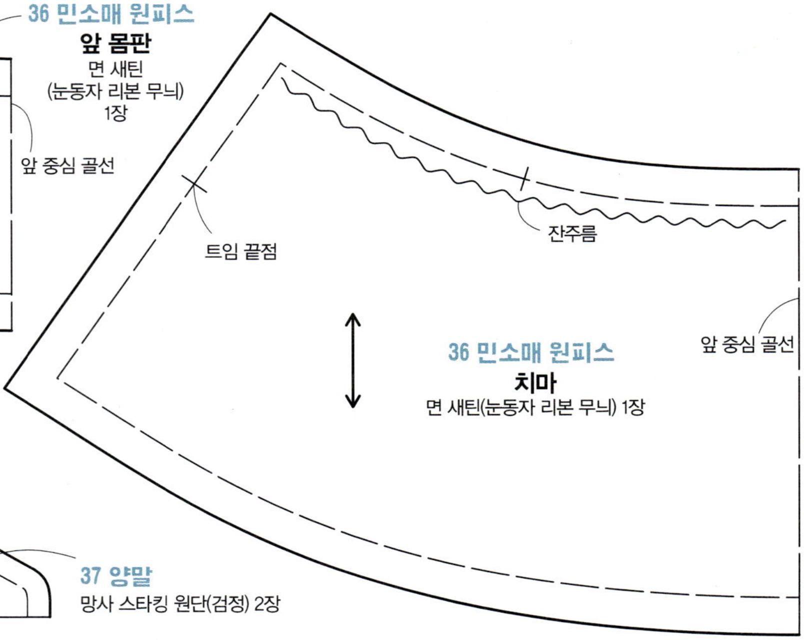

트임 끝점
잔주름

36 민소매 원피스
치마
면 새틴(눈동자 리본 무늬) 1장
앞 중심 골선

골선

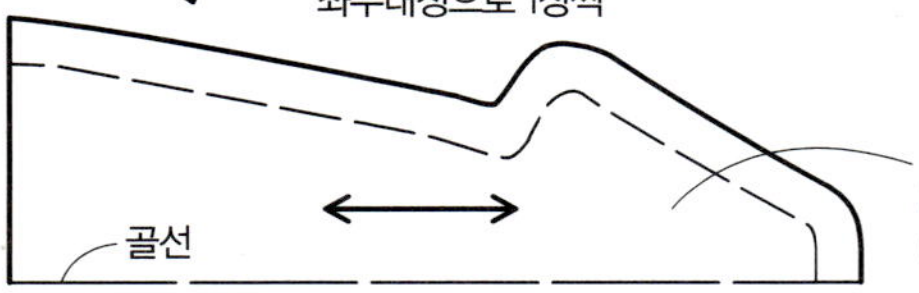

37 양말
망사 스타킹 원단(검정) 2장

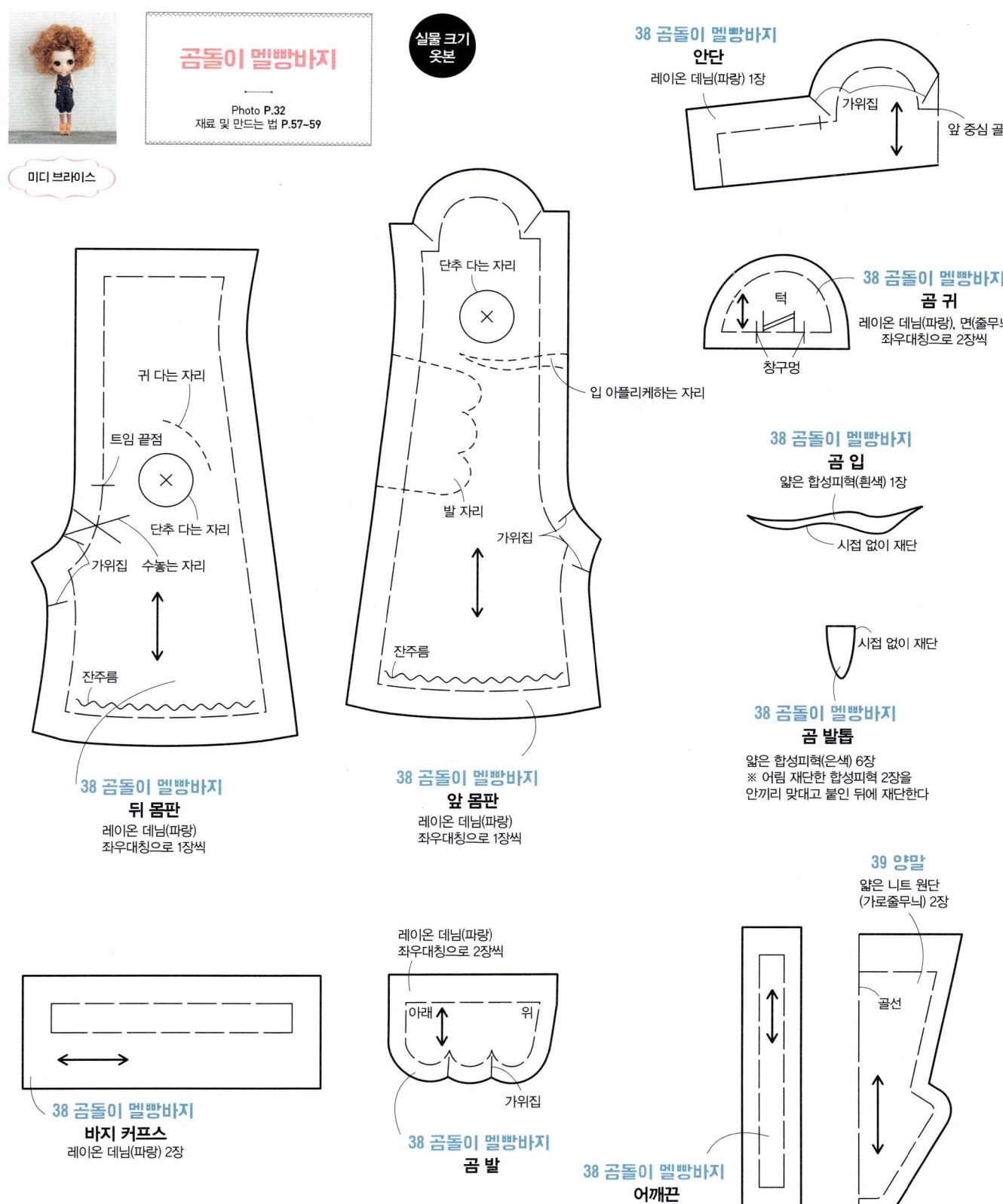

곰돌이 멜빵바지

Photo P.32
재료 및 만드는 법 P.57~59

미디 브라이스

실물 크기
옷본

38 곰돌이 멜빵바지
안단
레이온 데님(파랑) 1장

가위집

앞 중심 골선

38 곰돌이 멜빵바지
곰 귀
레이온 데님(파랑), 면(줄무늬)
좌우대칭으로 2장씩

턱

창구멍

38 곰돌이 멜빵바지
곰 입
얇은 합성피혁(흰색) 1장

시접 없이 재단

시접 없이 재단

38 곰돌이 멜빵바지
곰 발톱
얇은 합성피혁(은색) 6장
※ 어림 재단한 합성피혁 2장을
안끼리 맞대고 붙인 뒤에 재단한다

귀 다는 자리

틈임 끝점

단추 다는 자리

가위집 수놓는 자리

잔주름

38 곰돌이 멜빵바지
뒤 몸판
레이온 데님(파랑)
좌우대칭으로 1장씩

단추 다는 자리

입 아플리케하는 자리

발 자리

가위집

잔주름

38 곰돌이 멜빵바지
앞 몸판
레이온 데님(파랑)
좌우대칭으로 1장씩

38 곰돌이 멜빵바지
바지 커프스
레이온 데님(파랑) 2장

레이온 데님(파랑)
좌우대칭으로 2장씩

아래 위

가위집

38 곰돌이 멜빵바지
곰 발

38 곰돌이 멜빵바지
어깨끈
레이온 데님(파랑) 2장

39 양말
얇은 니트 원단
(가로줄무늬) 2장

골선

고양이 동물옷

Photo P.34, 36
실물 크기 옷본
• 미디 브라이스 P.103~104
• 네오 브라이스 P.105~107

[재료]

미디 브라이스 사이즈
페이크 퍼(보라) 50cm×40cm, 페이크 퍼(분홍) 15cm×6cm, 튤(검정) 40cm×8cm, 두꺼운 접착심지 16cm×13cm, 0.3cm 너비 새틴 리본(검정) 25cm, 합성피혁(분홍) 2cm×2cm, 2cm 너비 레이스(검정) 10cm 2줄, 타원형 아크릴 단추(빨강) 약 1.4cm 2개, 지름 1cm 반원 단추(검정) 1개, 지름 0.3cm 스와로브스키 비즈 12개, 미니 지퍼 2개, 철사 10cm, 구름솜 조금

네오 브라이스 사이즈
페이크 퍼(분홍) 80cm×30cm, 페이크 퍼(보라) 20cm×10cm, 튤(분홍) 50cm×8cm, 두꺼운 접착심지 20cm×17cm, 0.3cm 너비 새틴 리본(분홍) 30cm, 합성피혁(분홍) 2cm×2cm, 2cm 너비 레이스(검정) 13cm 2줄, 타원형 아크릴 단추(연한 파랑) 약 2.1cm 2개, 지름 1cm 반원 단추(검정) 1개, 지름 0.3cm 스와로브스키 비즈 12개, 미니 지퍼 2개, 철사 14cm, 구름솜 조금, 스팽글(분홍) 조금

40·43 고양이 탈

페이크 퍼에 두꺼운 접착심지를 붙이고 얼굴 앞판과 뒤판을 재단한다. 얼굴 뒤판은 뒤를 걸끼리 맞대어 박고(지퍼 다는 자리는 큰 땀으로 박고 지퍼를 단 뒤에 푼다) 지퍼를 단다. 얼굴 앞판은 앞을 걸끼리 맞대어 박고, 걸감과 안감을 걸끼리 맞대고 박아서 뒤집은 귀에 턱을 잡아서 임시로 고정한다. 얼굴 뒤판과 맞대어 목 주위를 남기고 박은 뒤에 목 주위를 접어서 박는다. 주둥이를 만들어서 구름솜을 채우고 얼굴 앞에 달아 준다. 레이스를 꿰매어 주름을 잡아서 아크릴 단추와 합해서 눈 자리에 달아 준다. 코에 단추를 달고 합성피혁으로 만든 혀를 접착제로 붙인다.

※ 재봉틀로 박는 것이 어려운 부위는 손바느질을 한다.

※ 천 가장자리에 올풀림 방지액을 발라 둔다

※ ( ) 안은 네오 사이즈.

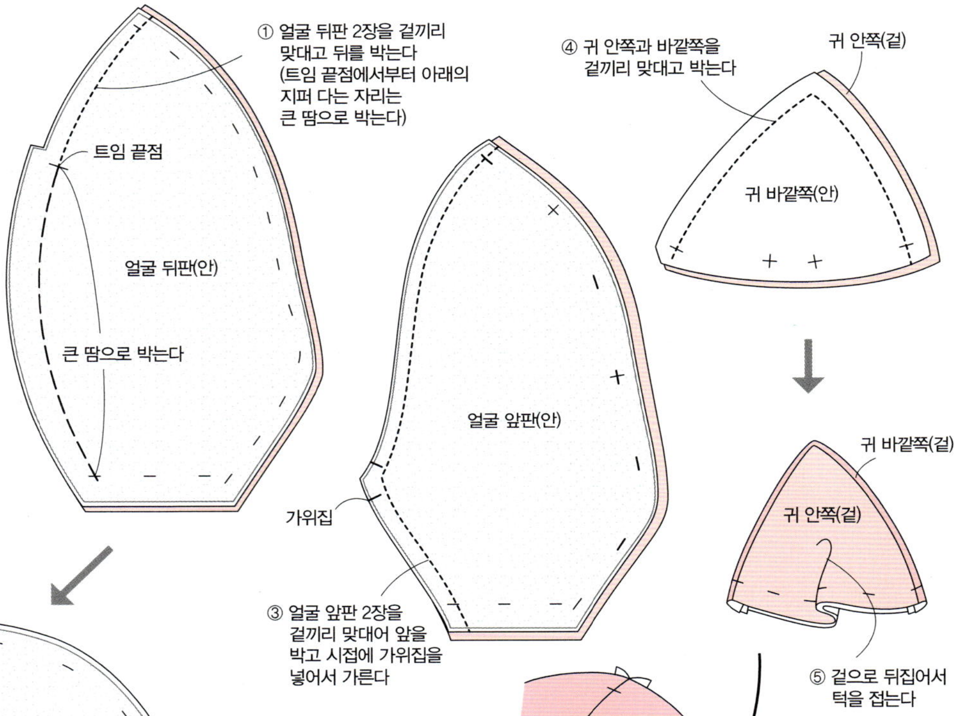

① 얼굴 뒤판 2장을 걸끼리 맞대고 뒤를 박는다 (트임 끝점에서부터 아래의 지퍼 다는 자리는 큰 땀으로 박는다)

트임 끝점

얼굴 뒤판(안)

큰 땀으로 박는다

가위집

얼굴 앞판(안)

③ 얼굴 앞판 2장을 걸끼리 맞대어 앞을 박고 시접에 가위집을 넣어서 가른다

④ 귀 안쪽과 바깥쪽을 걸끼리 맞대고 박는다

귀 안쪽(겉)

귀 바깥쪽(안)

귀 바깥쪽(겉)

귀 안쪽(겉)

⑤ 겉으로 뒤집어서 턱을 접는다

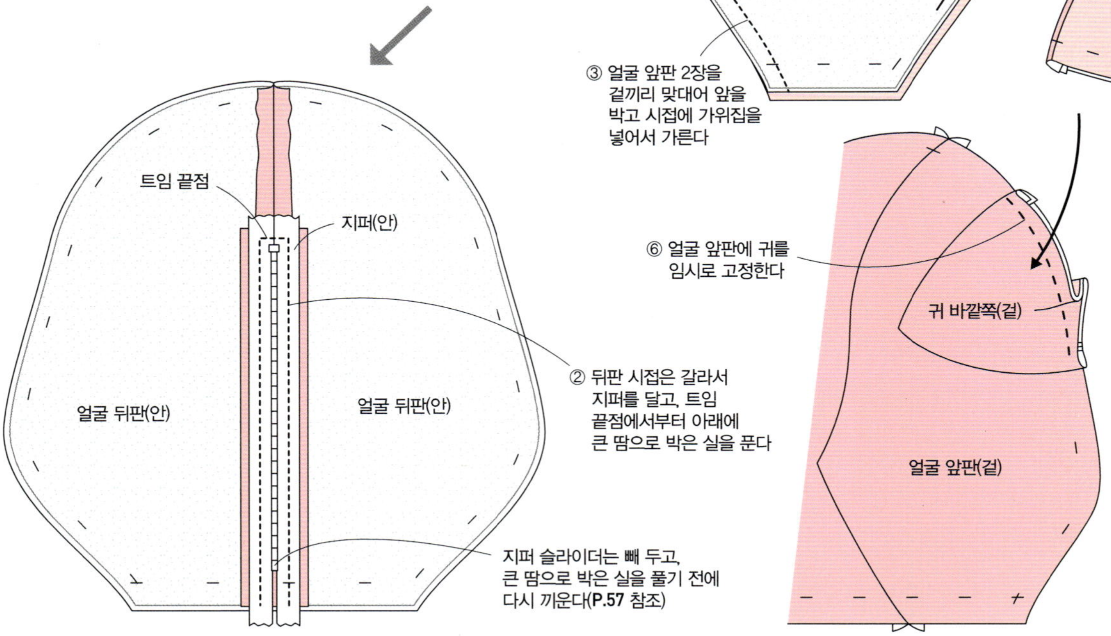

트임 끝점

지퍼(안)

얼굴 뒤판(안)   얼굴 뒤판(안)

② 뒤판 시접은 갈라서 지퍼를 달고, 트임 끝점에서부터 아래에 큰 땀으로 박은 실을 푼다

지퍼 슬라이더는 빼 두고, 큰 땀으로 박은 실을 풀기 전에 다시 끼운다(P.57 참조)

⑥ 얼굴 앞판에 귀를 임시로 고정한다

귀 바깥쪽(겉)

얼굴 앞판(겉)

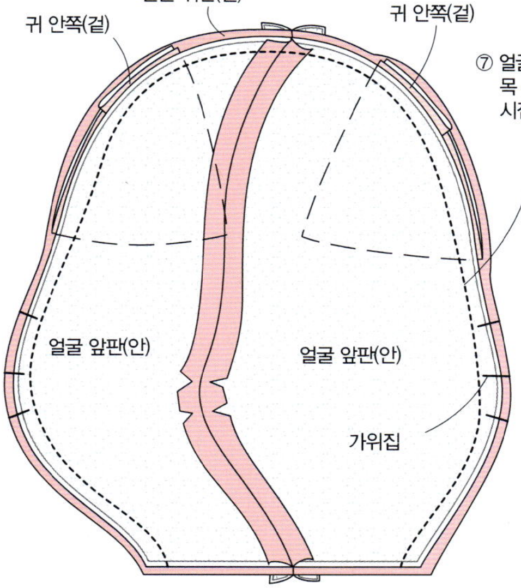

귀 안쪽(겉)　　얼굴 뒤판(겉)　　귀 안쪽(겉)

⑦ 얼굴 앞뒤판을 겉끼리 맞대어
목 주위를 남기고 박은 뒤에
시접에 가위집을 넣는다

얼굴 앞판(안)　　　얼굴 앞판(안)

가위집

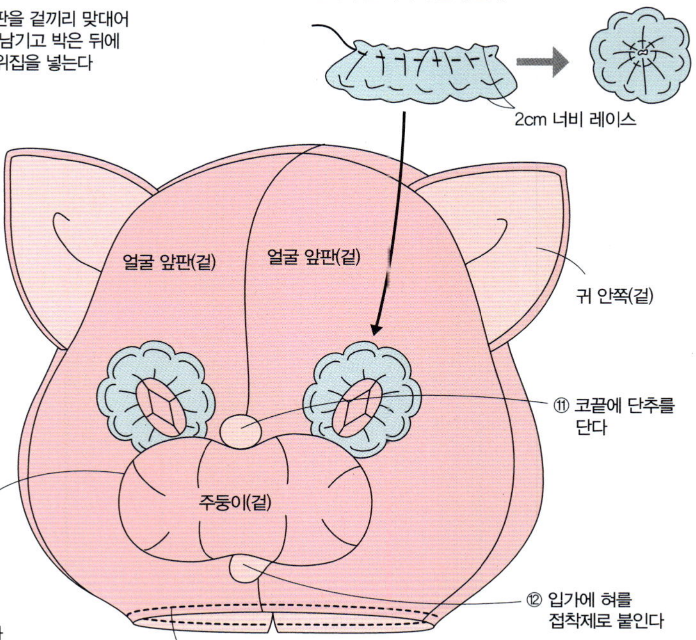

⑩ 길이 10cm(13cm) 레이스의
가장자리를 홈질하여 줄이고 아크릴 단추와
합해서 눈 자리에 달아 준다

2cm 너비 레이스

얼굴 앞쪽(겉)　　얼굴 앞판(겉)

귀 안쪽(겉)

⑪ 코끝에 단추를
단다

주둥이(겉)

⑨ 주둥이를 만들어서 구름솜을
채우고 공그르기로 단다

주둥이(겉)　　자른다

다트를 박고 가위집을
넣어서 시접을 가른 뒤에
가장자리를 홈질하여
줄이고 시접을 안쪽으로 넣는다

⑫ 입가에 혀를
접착제로 붙인다

⑧ 목 주위 시접을 1번 접어서 박고 남는 지퍼를 자른다

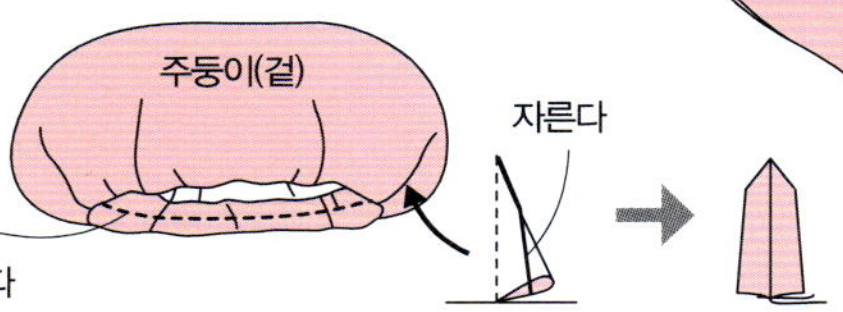

42·45 튈 스커트

튈을 반으로 접어서 리본 끼우는 자리를 박
고 스팽글을 붙인다. 리본을 끼워서 잔주름
을 잡고 끝을 꿰맨다.
※ ( ) 안은 네오 사이즈.

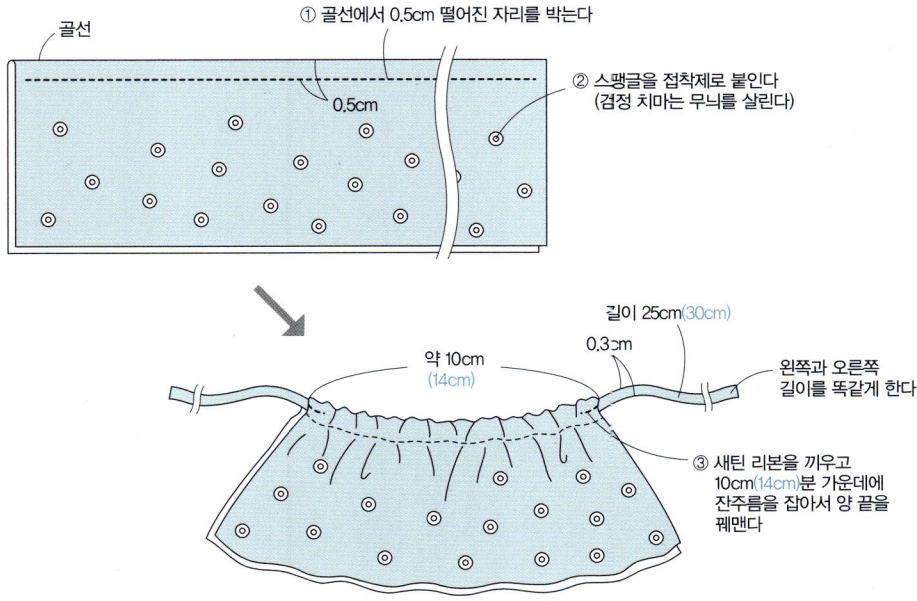

골선

① 골선에서 0.5cm 떨어진 자리를 박는다

0.5cm

② 스팽글을 접착제로 붙인다
(검정 치마는 무늬를 살린다)

약 10cm
(14cm)

길이 25cm(30cm)

0.3cm

왼쪽과 오른쪽
길이를 똑같게 한다

③ 새틴 리본을 끼우고
10cm(14cm)분 가운데에
잔주름을 잡아서 양 끝을
꿰맨다

(다음 페이지에 이어짐)

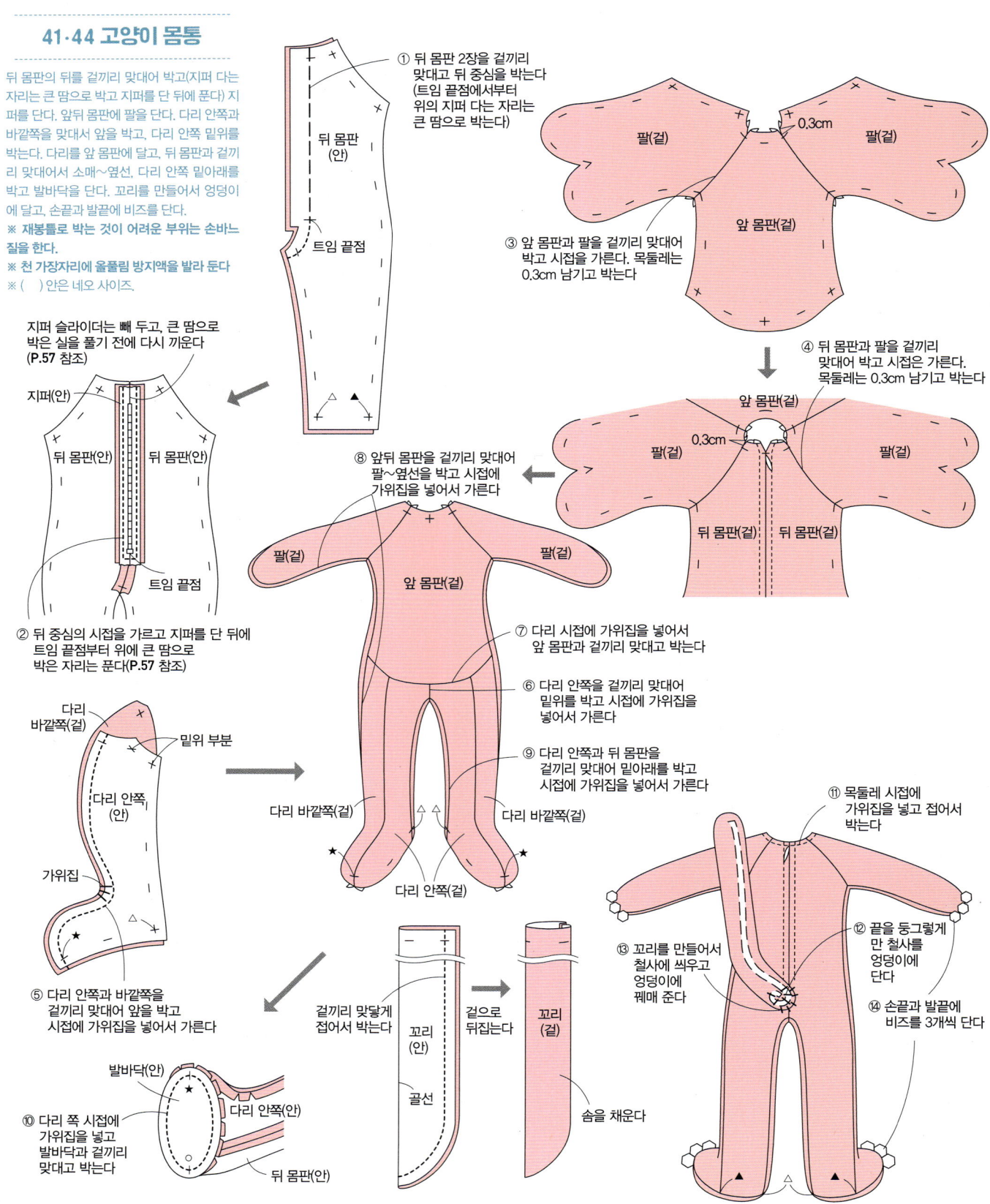

41·44 고양이 몸통

뒤 몸판의 뒤를 겉끼리 맞대어 박고(지퍼 다는 자리는 큰 땀으로 박고 지퍼를 단 뒤에 푼다) 지퍼를 단다. 앞뒤 몸판에 팔을 단다. 다리 안쪽과 바깥쪽을 맞대서 앞을 박고, 다리 안쪽 밑위를 박는다. 다리를 앞 몸판에 달고, 뒤 몸판과 겉끼리 맞대어서 소매~옆선, 다리 안쪽 밑아래를 박고 발바닥을 단다. 꼬리를 만들어서 엉덩이에 달고, 손끝과 발끝에 비즈를 단다.

※ 재봉틀로 박는 것이 어려운 부위는 손바느질을 한다.

※ 천 가장자리에 올풀림 방지액을 발라 둔다

※ ( )안은 네오 사이즈.

지퍼 슬라이더는 빼 두고, 큰 땀으로 박은 실을 풀기 전에 다시 끼운다(P.57 참조)

지퍼(안)

뒤 몸판(안)   뒤 몸판(안)

트임 끝점

② 뒤 중심의 시접을 가르고 지퍼를 단 뒤에 트임 끝점부터 위에 큰 땀으로 박은 자리는 푼다(P.57 참조)

뒤 몸판(안)

트임 끝점

뒤 몸판
(안)

다리
바깥쪽(겉)

밑위 부분

다리 안쪽
(안)

가위집

⑤ 다리 안쪽과 바깥쪽을 겉끼리 맞대어 앞을 박고 시접에 가위집을 넣어서 가른다

발바닥(안)

⑩ 다리 쪽 시접에 가위집을 넣고 발바닥과 겉끼리 맞대고 박는다

다리 안쪽(안)

뒤 몸판(안)

① 뒤 몸판 2장을 겉끼리 맞대고 뒤 중심을 박는다 (트임 끝점에서부터 위의 지퍼 다는 자리는 큰 땀으로 박는다)

팔(겉)   0.3cm   팔(겉)

앞 몸판(겉)

③ 앞 몸판과 팔을 겉끼리 맞대어 박고 시접을 가른다. 목둘레는 0.3cm 남기고 박는다

④ 뒤 몸판과 팔을 겉끼리 맞대어 박고 시접은 가른다. 목둘레는 0.3cm 남기고 박는다

앞 몸판(겉)

팔(겉)   0.3cm   팔(겉)

뒤 몸판(겉)   뒤 몸판(겉)

⑧ 앞뒤 몸판을 겉끼리 맞대어 팔~옆선을 박고 시접에 가위집을 넣어서 가른다

팔(겉)   팔(겉)

앞 몸판(겉)

⑦ 다리 시접에 가위집을 넣어서 앞 몸판과 겉끼리 맞대고 박는다

⑥ 다리 안쪽을 겉끼리 맞대어 밑위를 박고 시접에 가위집을 넣어서 가른다

⑨ 다리 안쪽과 뒤 몸판을 겉끼리 맞대어 밑아래를 박고 시접에 가위집을 넣어서 가른다

다리 바깥쪽(겉)   다리 바깥쪽(겉)

다리 안쪽(겉)

겉끼리 맞닿게 접어서 박는다

꼬리
(안)

골선

겉으로 뒤집는다

꼬리
(겉)

솜을 채운다

⑪ 목둘레 시접에 가위집을 넣고 접어서 박는다

⑬ 꼬리를 만들어서 철사에 씌우고 엉덩이에 꿰매 준다

⑫ 끝을 둥그렇게 만 철사를 엉덩이에 단다

⑭ 손끝과 발끝에 비즈를 3개씩 단다

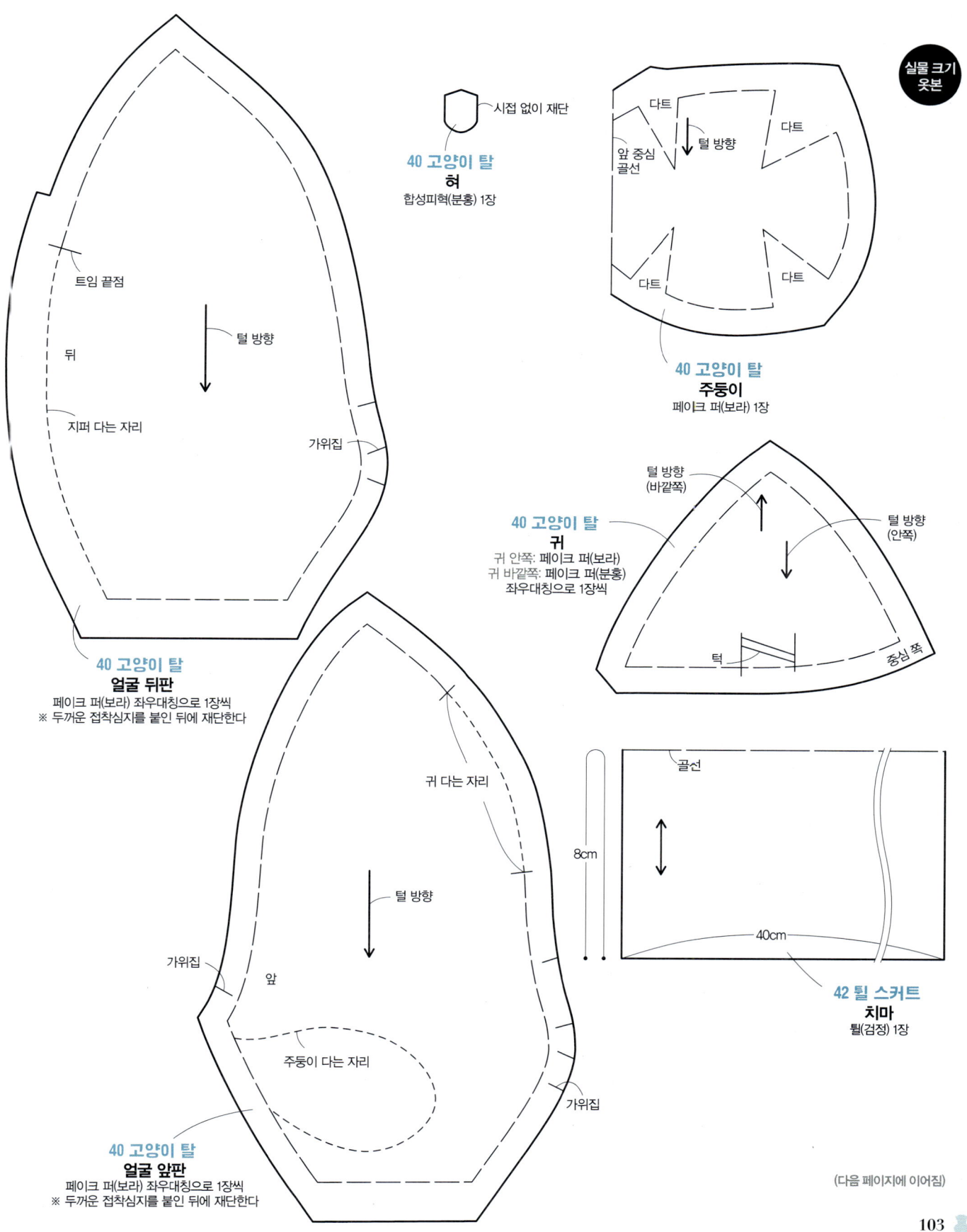

시접 없이 재단

40 고양이 탈
혀
합성피혁(분홍) 1장

다트

앞 중심
골선

털 방향

다트

다트

다트

40 고양이 탈
주둥이
페이크 퍼(보라) 1장

트임 끝점

뒤

지퍼 다는 자리

털 방향

가위집

40 고양이 탈
얼굴 뒤판
페이크 퍼(보라) 좌우대칭으로 1장씩
※ 두꺼운 접착심지를 붙인 뒤에 재단한다

털 방향
(바깥쪽)

털 방향
(안쪽)

40 고양이 탈
귀
귀 안쪽: 페이크 퍼(보라)
귀 바깥쪽: 페이크 퍼(분홍)
좌우대칭으로 1장씩

턱

중심 쪽

귀 다는 자리

털 방향

골선

8cm

40cm

42 틸 스커트
치마
틸(검정) 1장

가위집

앞

주둥이 다는 자리

털 방향

가위집

40 고양이 탈
얼굴 앞판
페이크 퍼(보라) 좌우대칭으로 1장씩
※ 두꺼운 접착심지를 붙인 뒤에 재단한다

(다음 페이지에 이어짐)

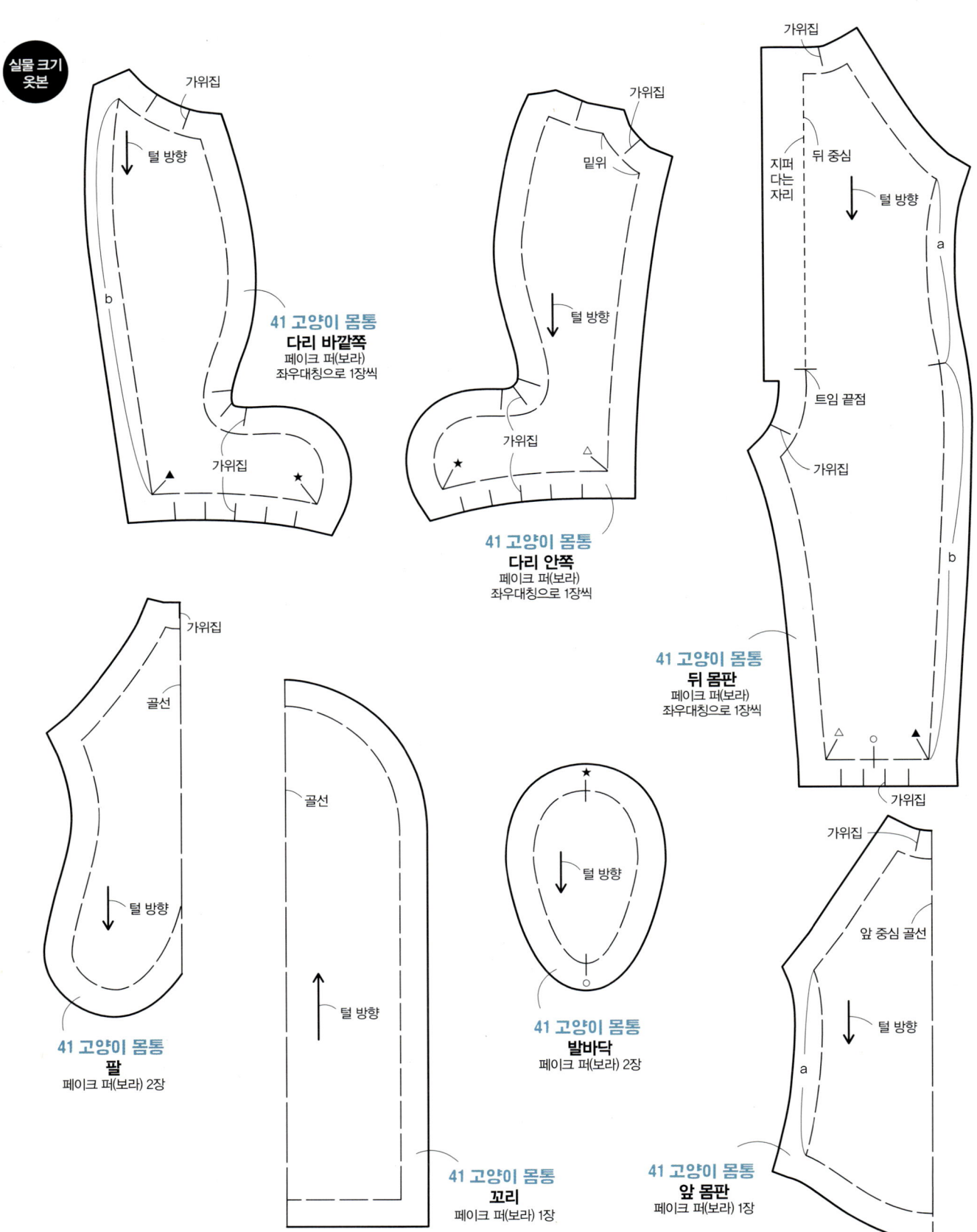

실물 크기
옷본

가위집
털 방향
b
가위집
▲ 가위집 ★

41 고양이 몸통
다리 바깥쪽
페이크 퍼(보라)
좌우대칭으로 1장씩

가위집
밑위
털 방향
★ 가위집 △

41 고양이 몸통
다리 안쪽
페이크 퍼(보라)
좌우대칭으로 1장씩

가위집
지퍼
다는
자리
뒤 중심
털 방향
a
트임 끝점
가위집
b
△ ○ ▲
가위집

41 고양이 몸통
뒤 몸판
페이크 퍼(보라)
좌우대칭으로 1장씩

가위집
골선
골선
털 방향

41 고양이 몸통
팔
페이크 퍼(보라) 2장

골선
털 방향

41 고양이 몸통
꼬리
페이크 퍼(보라) 1장

★
털 방향
○

41 고양이 몸통
발바닥
페이크 퍼(보라) 2장

가위집
앞 중심 골선
털 방향
a

41 고양이 몸통
앞 몸판
페이크 퍼(보라) 1장

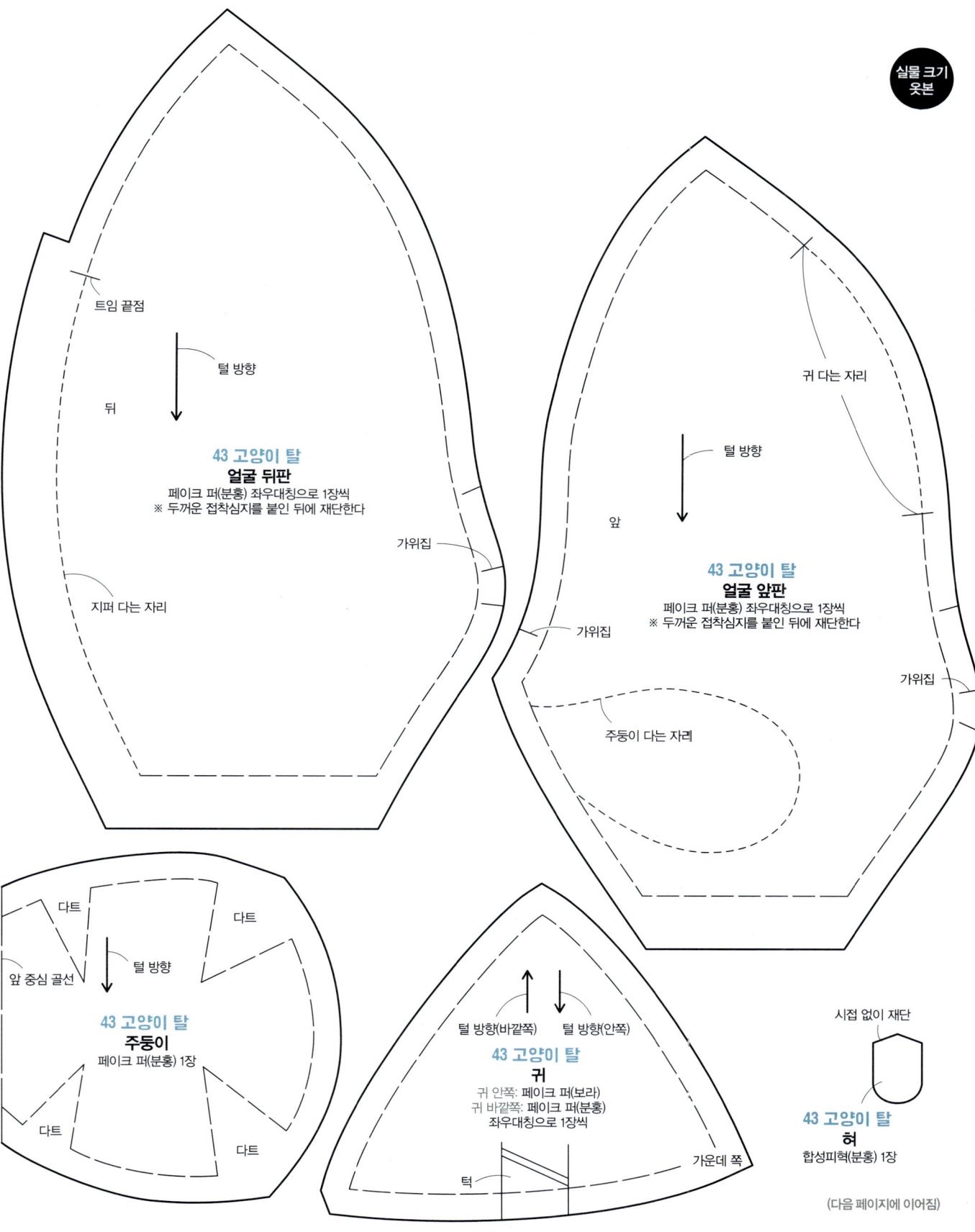

트임 끝점

털 방향

뒤

43 고양이 탈
얼굴 뒤판
페이크 퍼(분홍) 좌우대칭으로 1장씩
※ 두꺼운 접착심지를 붙인 뒤에 재단한다

가위집

지퍼 다는 자리

귀 다는 자리

털 방향

앞

43 고양이 탈
얼굴 앞판
페이크 퍼(분홍) 좌우대칭으로 1장씩
※ 두꺼운 접착심지를 붙인 뒤에 재단한다

가위집

가위집

주둥이 다는 자리

다트

다트

앞 중심 골선

털 방향

43 고양이 탈
주둥이
페이크 퍼(분홍) 1장

다트

다트

털 방향(바깥쪽) 털 방향(안쪽)

43 고양이 탈
귀
귀 안쪽: 페이크 퍼(보라)
귀 바깥쪽: 페이크 퍼(분홍)
좌우대칭으로 1장씩

턱

가운데 쪽

시접 없이 재단

43 고양이 탈
혀
합성피혁(분홍) 1장

(다음 페이지에 이어짐)

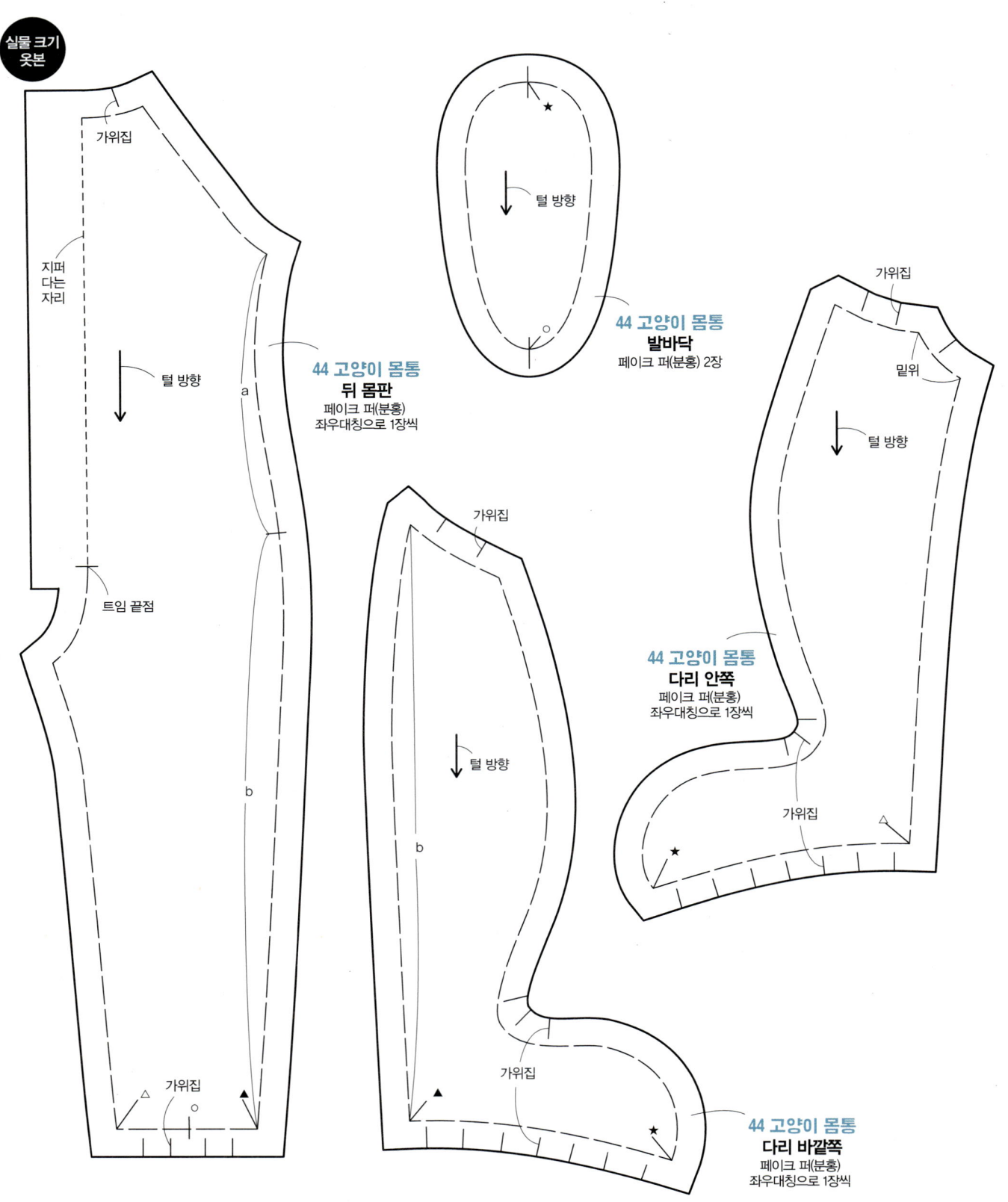

44 고양이 몸통
발바닥
페이크 퍼(분홍) 2장

털 방향

44 고양이 몸통
뒤 몸판
페이크 퍼(분홍)
좌우대칭으로 1장씩

가위집

지퍼
다는
자리

털 방향

a

트임 끝점

b

가위집

가위집

털 방향

밑위

44 고양이 몸통
다리 안쪽
페이크 퍼(분홍)
좌우대칭으로 1장씩

가위집

가위집

털 방향

b

가위집

44 고양이 몸통
다리 바깥쪽
페이크 퍼(분홍)
좌우대칭으로 1장씩

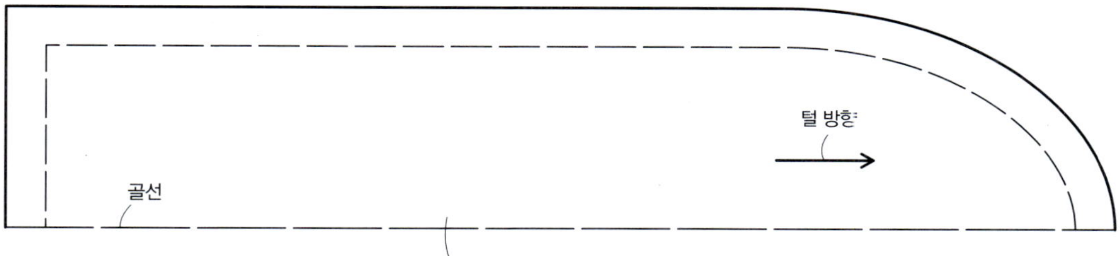

털 방향

골선

44 고양이 몸통
꼬리
페이크 퍼(분홍) 1장

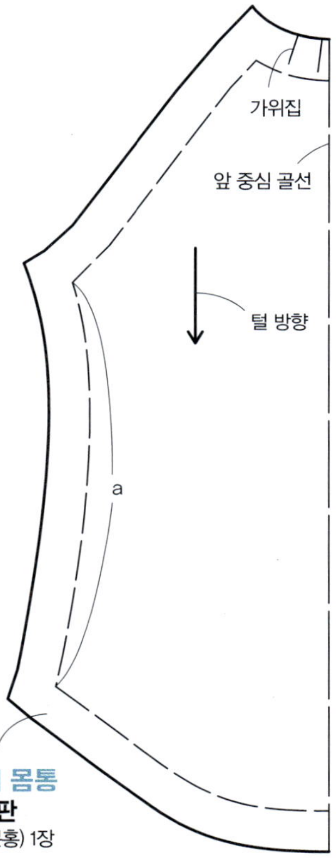

가위집

앞 중심 골선

털 방향

a

44 고양이 몸통
앞 몸판
페이크 퍼(분홍) 1장

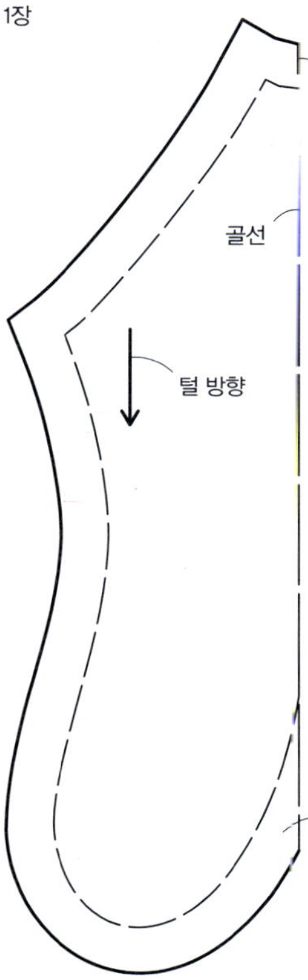

가위집

골선

털 방향

44 고양이 몸통
팔
페이크 퍼(분홍) 2장

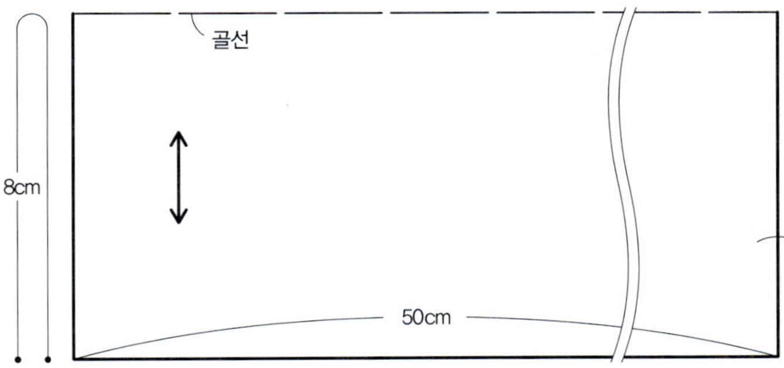

골선

8cm

50cm

45 틸 스커트
치마
틸(분홍) 1장

브라이스 인형옷 만들기

초판 1쇄 2017년 5월 24일

엮은이 | 일본보그사
옮긴이 | 남궁가윤

펴낸이 | 서인석
펴낸곳 | ㈜제우미디어
출판등록 | 제 3-429
등록일자 | 1992년 8월 17일
주소 | 서울시 마포구 독막로 76-1 한주빌딩 5층
전화 | 02-3142-6845
팩스 | 02-3142-0075
홈페이지 | www.jeumedia.com

ISBN 978-89-5952-565-2

값은 뒤표지에 있습니다.
파본은 구입하신 서점에서 교환해 드립니다.

| 만든 사람들 |
출판사업부총괄 | 손대현
편집장 | 전태준
기획편집 | 홍지영
기획팀 | 장윤선, 최현준, 이경인, 박건우
영업 | 김영욱, 박임혜
제작 | 김금남
디자인 | 디자인그룹올

[일러두기]

이 책에 사용된 몇 가지의 단어들은 독자들의 빠른 이해를 돕기 위해 흔히 사용하는 용어로 표기하였습니다.
외래어 표기법에 따른 바른 표기는 다음과 같습니다.

- 브라이스 – 블라이스(Blythe)
- 푸치 브라이스 – 프티 블라이스(Petite Blythe)
- 할로윈 – 핼러윈(Halloween)